U0587560

YIQIFENXISHIXUN

仪器分析实训

主编　侯玉华

编者　侯玉华　段　琼

中国医药科技出版社

内 容 提 要

本书是医药高等职业教育创新教材之一。

本书共 7 个项目，包括紫外 - 可见分光光度法、红外分光光度法、原子吸收分光光度法、电化学分析法、气相色谱法、高效液相色谱法和薄层色谱法。每个项目包含基础知识、仪器结构、仪器操作规范和典型技能训练内容。

本书供 5 年制药学高职相关专业使用。

图书在版编目（CIP）数据

仪器分析实训／侯玉华主编 . —北京：中国医药科技出版社，2013.8

医药高等职业教育创新教材

ISBN 978 - 7 - 5067 - 6269 - 4

Ⅰ . ①仪…　Ⅱ . ①侯…　Ⅲ . ①仪器分析 - 高等职业教育 - 教材　Ⅳ . ①O657

中国版本图书馆 CIP 数据核字（2013）第 186708 号

美术编辑　陈君杞

版式设计　郭小平

出版　中国医药科技出版社

地址　北京市海淀区文慧园北路甲 22 号

邮编　100082

电话　发行：010 - 62227427　邮购：010 - 62236938

网址　www. cmstp. com

规格　787 × 1092mm $\frac{1}{16}$

印张　9 $\frac{3}{4}$

字数　192 千字

版次　2013 年 8 月第 1 版

印次　2013 年 8 月第 1 次印刷

印刷　北京宝旺印务有限公司

经销　全国各地新华书店

书号　ISBN 978 - 7 - 5067 - 6269 - 4

定价　**25. 00 元**

本社图书如存在印装质量问题请与本社联系调换

B 编写说明

近几年来，中国医药高等职业教育发展迅速，成为医药高等教育的半壁河山，为医药行业培养了大批实用性人才，得到了社会的认可。

医药高等职业教育承担着培养高素质技术技能型人才的任务，为了实现高等职业教育服务地方经济的功能，贯彻理论必需、够用，突出职业能力培养的方针，就必须具有先进的职业教育理念和培养模式。因此，形成各个专业先进的课程体系是办好医药高等职业教育的关键环节之一。

江苏联合职业技术学院徐州医药分院十分注重课程改革与建设。在对工作过程系统化课程理论学习、研究的基础上，按照培养方案规定的课程，组织了一批具有丰富教学经验和第一线实际工作经历的教师及企业的技术人员，编写了《中药制药专门技术》、《药物分析技术基础》、《药物分析综合实训》、《分析化学实验》、《药学综合实训》、《仪器分析实训》、《药物合成技术》、《药物分析基础实训》、《医疗器械监督管理》、《常见病用药指导》、《医药应用数学》、《物理》等高职教材。

江苏联合职业技术学院徐州医药分院教育定位是培养拥护党的基本路线，适应生产、管理、服务第一线需要的德、智、体、美各方面全面发展的医药技术技能型人才。紧扣地方经济、社会发展的脉搏，根据行业对人才的需求设计专业培养方案，针对职业要求设置课程体系。在课程改革过程中，组织者、参与者认真研究了工作过程系统化课程和其他课程模式开发理论，并在这批教材编写中进行了初步尝试，因此，这批教材有如下几个特点。

1. 以完整职业工作为主线构建教材体系，按照医药职业工作领域不同确定教材种类，根据职业工作领域包含的工作任务选择教材内容，对应各个工作任务的内容既保持相对独立，又蕴涵着相互之间的内在联系；

2. 教材内容的范围与深度与职业的岗位群相适应，选择生产、服务中的典型工作过程作为范例，安排理论与实践相结合的教学内容，并注意知识、能力的拓展，力求贴近生产、服务实际，反映新知识、新设备与新技术，并将SOP对生产操作的规范、《中国药典》2010年版对药品质量要求、GMP、GSP等法规对生产与服务工作质量要求引入教材内容中。项目教学、案例教学将是本套教材较为适用的教学方法；

3. 参加专业课教材编写的人员多数具有生产或服务第一线的经历，并且从事多年教学工作，使教材既真实反映实际生产、服务过程，又符合教学规律；

4. 教材体系模块化，各种教材既是各个专业选学的模块，又具有良好的衔接性；每种教材内容的各个单元也形成相对独立的模块，每个模块一般由一个典型工作任务构成；

5. 此批教材即适合于职业教育使用，又可作为职业培训教材，同时还可做为医药行业职工自学读物。

此批教材虽然具有以上特点，但由于时间仓促和其他主、客观原因，尚有种种不足之处，需要经过教学实践锤炼之后加以改进。

医药高等职业教育创新教材编写委员会
2013 年 3 月

针对《仪器分析》课程特点，结合高职教育的实际情况，本书以实训项目为载体，以实训任务为驱动，以实训过程为主线，实现培养技能型人才的目的。

本书在编写内容上，按项目进行，每一项目均包含以下几部分内容。

（1）基础知识　概括性介绍方法的基本原理、仪器。

（2）仪器结构　简要介绍仪器基本组成、各部件等。

（3）仪器操作规范　主要介绍常用分析仪器的使用操作技术规范及实训技能。

（4）技能训练　选取典型岗位案例，设置预习思考、实训目标、实训用品、实训方案、课外延伸五项内容。简化基础理论，侧重基本技能；以生为本，教会学生通过预习思考学会从中获取有用的信息和知识，强调基本操作与规范，突出岗位实践能力、创造能力培养。

（5）素质教育（职业道德规范）　选取与分析行业紧密相关的部分职业道德规范内容，启发学生，在教学过程中渗透德育。强化规范意识，及时矫正学生日常行为中的偏差，帮助学生养成良好的职业道德规范，尽量缩小准职业人与职业人的差距，使学生毕业后尽快地完成准职业人到职业人的角色转变，提高学生综合素质、增强学生就业竞争，培养一批高素质、高质量、高技能人才。

（6）检测与评价　包括以下内容。

知识题：针对每一项目内容，总结部分习题，以巩固基本技能。

操作技能考核题：通过典型实训，检测学生独立实训能力及技能的掌握。

技能考核评分表：通过仪器操作评分细则考核（每一项考核点附有一定分值），检测学生仪器操作基本技术规范及实训技能。

本书适用于各类普通医药高（中）职院校药物分析、药学专业仪器分析实训教学，也可作为药物分析、药学相关岗位的岗前培训和继续教育的教材或参考书。

本书技能训练部分由段琼编写，其他部分由侯玉华编写，江苏联合职业技术学院徐州医药分院领导及各部门同事给予了大力支持与帮助，在此表示感谢！由于时间仓促，本书定有疏漏及不妥之处，诚恳欢迎读者及同行专家提出宝贵意见。

编　者
2013 年 4 月

目录
MULU

紫外-可见分光光度法

一、基础知识

紫外-可见分光光度法是利用物质对 200~800nm 光谱区域内的光具有选择性吸收的现象，对物质进行定性和定量分析的方法。

用于测量和记录待测物质分子对紫外光、可见光的吸光度及紫外-可见吸收光谱，并进行定性定量以及结构分析的仪器，称为紫外-可见吸收光谱仪或紫外-可见分光光度计。

二、仪器结构

目前，紫外-可见分光光度计的型号较多，但它们的基本结构都相似，都由光源、单色器、样品吸收池、检测器和信号显示系统五大部件组成，其组成框图如图 1-1。

光源 —— 单色器 —— 吸收池 —— 检测器 —— 信号显示系统

图 1-1 紫外-可见分光光度计组成部件框图

三、仪器操作规程

（一）722N 可见分光光度计使用方法

（1）开机预热 30min；

（2）调节波长旋钮使波长到所需位置；

（3）4 支吸收池，其中一个放入参比试样，其余 3 个放入待测试样，放入样品池内，盖上样品池盖；

（4）将参比试样推入光路，按 A/τ/C/F 键，使显示 τ 或者 A 状态；

（5）按 100% 键，显示 T100.0 或 A0.000；

（6）打开样品池盖，按 0% 键，显示 T0.0 或 AE1；

（7）然后将待测试样品推入光路，显示试样的 *T* 值或者 *A* 值；

（8）复位关闭电源。

（二）755B 紫外-可见分光光度计使用方法

（1）开机预热；

（2）调节波长旋钮使波长到所需位置；

（3）4 支吸收池，其中一个放入参比试样，其余 3 个放入待测试样，放入样品池内，盖上样品池盖；

（4）将参比试样推入光路，按MODE键，显示 T 或者 A 状态；

（5）按 100% 键，显示 T100.0 或 A0.000；

（6）打开样品池盖，按 0% 键，显示 T0.0 或 AE1；

（7）然后将待测试样品推入光路，显示试样的 *T* 值或者 *A* 值；

（8）按 PRINT 键可将待测试样的数据记录下来；

（9）复位关闭电源。

（三）T6 紫外 – 可见分光光度计的使用方法

1. 开机自检　依次打开打印机、仪器主机电源，仪器开始初始化；约 3 分钟时间初始化完成。

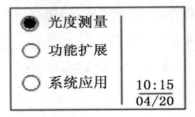

初始化完成后仪器进入主菜单界面。

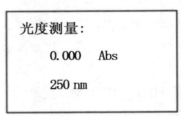

2. 进入光度测量状态　在上图所示状态按 ENTER 键进入光度测量主界面。

```
光度测量：

    0.000    Abs

    250 nm
```

3. 进入测量界面　按 START/STOP 键进入样品测定界面。

```
250.0 nm          – 0.002 Abs

No.      Abs          Conc
```

4. 设置测量波长　按 RETURN 键返回到光度测量界面（设置测量波长是一定要回

到光度测量界面），按$\boxed{\text{GOTO}}$键，在界面中输入测量的波长，例如需要在460nm测量，输入460，按$\boxed{\text{ENTER}}$键确认，仪器将自动调整波长。

```
请输入波长：
```

调整完波长完成后如下图：

```
460. 0 nm          - 0. 002 Abs

No.      Abs           Conc
```

5. 进入设置参数　这个步骤中主要设置样品池。按$\boxed{\text{SET}}$键进入参数设定界面，按"▲、▼"键使光标移动到"试样设定"。按$\boxed{\text{ENTER}}$键确认，进入设定界面。

```
○ 测光方式
○ 数学计算
● 试样设定
```

6. 设定使用样品池个数　按"▼"键使光标移动到"使用样池数"，按$\boxed{\text{ENTER}}$键循环选择需要使用的样品池个数（主要根据使用比色皿数量确定，比如使用2个吸收池，则修改为2）。

```
○ 试样室 ：八联池
● 样池数 ：    2
○ 空白溶液校正 ：否
○ 样池空白校正 ：否
```

7. 样品测量　按$\boxed{\text{RETURN}}$键返回到参数设定界面，再按$\boxed{\text{RETURN}}$键返回到光度测量界面。在1号样品池内放入空白溶液，2号池内放入待测样品。关闭好样品池盖后按"ZERO"键进行空白校正，再按$\boxed{\text{START/STOP}}$键进行样品测量。

（1）如需要测量下一个样品，取出吸收池，更换为下一个测量的样品按$\boxed{\text{START/STOP}}$键即可读数。

（2）如需更换波长，可直接按 GOTO 键调整波长。注意更换波长后必须重新按 ZERO 进行空白校正。如果每次使用的吸收池数量是固定个数，下一次使用仪器可以跳过第5、6步骤直接进入样品测量。

460.0nm		− 0.002 Abs
No.	Abs	Conc
1 − 1	0.012	1.000
2 − 1	0.052	2.000

8. 结束测量 测量完成后按 PRINT 键打印数据，如果没有打印机请记录数据。退出程序或关闭仪器后测量数据将消失。确保已从样品池中取走所有吸收池，清洗干净以便下一次使用。按 RETURN 键直接返回到仪器主菜单界面后再关闭仪器电源。

特别提示

1. 如果波长从大到小调节测定，仪器等待时间短可以节省时间。
2. 设置空白溶液校正：（选）是；样池空白校正：（选）否。关闭好样品池盖后就不需要按 ZERO 键进行空白校正，直接按 START/STOP 键进行样品测量。
3. 石英吸收池清洗方法
（1）现使用的石英吸收池均为粘接的，在用超声波清洗时，一定要注意保护。时间不要超过半小时，功率不要太大，要用清洗玻璃器皿的超声波清洗机。清洗时毛面朝下。
（2）石英吸收池清洁方法
①用乙醚和无水乙醇的混合液（各50%）清洗。
②若太脏可用洗液清洗，但时间要短（几秒钟），再用清水清洗干净。
③不要用洗洁精之类的清洁剂，以免影响测量。

技能训练一 紫外－可见分光光度计的认识、使用与性能检定

【预习思考】
1. 熟悉755B紫外－可见分光光度计的使用方法。
2. 熟悉《中国药典》对紫外－可见分光光度计的性能要求和检查方法。
【实训目标】
1. 知识目标 仪器基本结构。

2. 职业关键能力 紫外-可见分光光度计的性能要求、检查方法及使用。

3. 素质目标 培养学生爱岗敬业的职业道德，使其明白爱岗、敬业的含义，爱岗与敬业关系。

【实训用品】

1. 仪器 755B型紫外-可见分光光度计，石英汞灯，氧化钬玻璃，石英、玻璃吸收池，电子天平，容量瓶（1000ml、100ml），吸量管。

2. 试剂 苯、$K_2Cr_2O_7$、H_2SO_4、NaI、$NaNO_2$。

【实训方案】

（一）实训形式

试液配制、仪器洗涤、仪器使用、实训记录等，分成4人一组，进行合理分工。

（二）实训过程

配制供试品
仪器的鉴定 → 测定条件鉴定 → 测定 → 记录与计算 → 结果与判定

（三）实训前准备

1. 试剂准备

4%氧化钬溶液：1.4mol/L $HClO_4$为溶剂配制。

$K_2Cr_2O_7$溶液：取60mg $K_2Cr_2O_7$，用0.005mol/L硫酸溶液溶解并定容至1000ml。

NaI溶液：浓度为10g/L的NaI。

$NaNO_2$溶液：浓度为50g/L的$NaNO_2$水溶液。

2. 仪器准备

检查仪器，开机预热、洗涤吸收池做好实训前准。

【实训操作】

（一）波长准确度与重现性

表1-1 波长准确度检定方法及吸收峰对照波长

波长准确度鉴定方法	对照峰位（λ_{max}），nm	
低压汞灯谱线	253.65、275.28、296.73、313.16、334.15、365.02、404.66、435.83、546.07、576.96	
仪器固有氚灯谱线	486.02、656.10	
氧化钬玻璃的吸收峰	279.4、287.5、333.7、360.9、385.9、418.9、435.2、460.0、484.5、536.2、637.5	
4%氧化钬溶液	241.1、249.7、278.7、287.1、333.4、345.5、361.5、385.4、416.3、450.8、452.3、467.6、485.8、536.4、641.1	10%高氯酸溶液为溶剂

用表1-1波长准确度检定方法对应的谱线作参考波长，从短波长向长波长对谱线进行测量。上述测量连续3次，计算波长准确度和波长重现性。波长准确度用Δλ表示：

$$\Delta\lambda = 3次测量平均值 - 参考波长值$$

（二）吸光度的准确度

《中国药典》规定：取 60mg $K_2Cr_2O_7$，用 0.005mol/L 硫酸溶液溶解并定容至 1000ml。以 0.005mol/L 硫酸溶液为参比，1cm 标准石英吸收池，在规定波长处测定吸光度，并计算其吸收系数（$E_{1cm}^{1\%}$），相应数值应为 124.5、144.0、48.62、106.6，相对偏差可在 ±1% 内。见表 1-2。

表 1-2　60mg/1000ml $K_2Cr_2O_7$0.005 mol/L 硫酸标准溶液的吸收系数

波长（nm）	235（最小）	257（最大）	313（最小）	350（最大）
吸收系数 $E_{1cm}^{1\%}$	124.5	144.0	48.62	106.6

（三）杂散光

用浓度为 10g/L 的 NaI 水溶液，1cm 石英吸收池，以蒸馏水作参比，在缝全高条件下，于 220nm 波长处测量溶液的透光率。用浓度为 50g/L 的 $NaNO_2$ 水溶液，1cm 石英吸收池，以蒸馏水为参比，在缝全高条件下，于 340nm 波长处测量溶液的透光率。见表 1-3。

表 1-3　药典规定杂散光的测定值

试剂	浓度（g/100ml）	测定用波长（nm）	透光率（%）
碘化钠	1.00	220	<0.8
亚硝酸钠	5.00	340	<0.8

（四）吸收池配套性

取 60.00mg $K_2Cr_2O_7$，用 0.005mol/L 的硫酸溶液溶解并定容至 1000ml，将此溶液装入 1cm 石英吸收池中，在 350nm 波长处，将一个吸收池的透光率调至 100%，测定其他各吸收池的透光率。再于石英吸收池中装蒸馏水，于 220nm 波长处，将一个吸收池的透光率调至 100%，测量其他各吸收池的透光率。两次测量，凡透光率之差均小于 0.5% 的吸收池可以配成一套。

改用玻璃吸收池，装蒸馏水时在 600nm 波长处，装 $K_2Cr_2O_7$ 溶液时在 400nm 波长处，按上法测定透光率，凡两次测定透光率之差均小于 0.5% 的吸收池可以配成一套。

【实训现象、数据处理与结果、小结与评议】

（一）现象

（二）数据处理与结果

1. 波长准确度

$$\Delta\lambda = 3 次测量平均值 - 参考波长值$$

2. 吸光度准确度

波长（nm）	235（最小）	257（最大）	313（最小）	350（最大）
吸收系数 $E_{1cm}^{1\%}$	124.5	144.0	48.62	106.6
实测值				
相对偏差（%）				

3. 杂散光

试剂	浓度（g/100ml）	测定用波长（nm）	透光率（%）
碘化钠	1.00	220	
亚硝酸钠	5.00	340	

4. 吸收池配套

种类	波长（nm）	吸收池 T 100%	吸收池 T	$(T100\% - T)\%$
石英	220			
	350			
玻璃	400			
	600			

（三）小结与评议

1. 吸收池配对的意义是什么？
2. 紫外－可见分光光度计的性能检查有哪些？应如何检查？
3. 简述吸收池种类及使用操作。

> **爱岗敬业：**爱岗敬业就是要求人们热爱自己的本职工作，用一种恭敬严肃的态度对待自己的工作。
>
> **爱岗：**指从业人员热爱自己的工作岗位。
>
> **敬业：**敬重自己所从事职业的道德操守。
>
> **关系：**"敬业"是"爱岗"的前提，不尊重自己的职业，也很难热爱自己的岗位。

技能训练二　$KMnO_4$ 吸收曲线的绘制

【预习思考】

1. 参观实训室了解 722N 型分光光度计仪器基本结构。
2. 熟悉 722N 型分光光度计的使用方法，写出操作方案。
3. 测绘吸收曲线的一般方法及最大吸收波长的选择。

【实训目标】

1. 知识目标 仪器基本结构。

2. 职业关键能力 掌握吸收曲线测绘及最大吸收波长的选择。正确使用722N型分光光度计。

3. 素质目标 让学生理解爱岗敬业意义。

【实训用品】

1. 仪器 722N型分光光度计，容量瓶（50ml、1000ml），吸量管（5ml）。

2. 试剂 高锰酸钾溶液（0.05mol/L）或维生素B_{12}溶液（100μg/ml）或邻二氮菲铁溶液（0.15%）。

【实训方案】

（一）实训形式

试液配制、仪器洗涤、仪器使用、实训记录等，分成4人一组，进行合理分工。

（二）实训过程

配制试剂溶液 → 校正仪器 → 溶剂吸光度检查 → 确定波长 → 测定吸光度 →

记录与计算 → 数据处理 → 结果判定

（三）实训前准备

1. 试剂准备 准确称取基准的高锰酸钾0.1250g，在小烧杯中溶解后，定量移入1000ml容量瓶中，用蒸馏水稀释至刻线，摇匀，则此溶液每毫升含$KMnO_4$ 0.1250mg。

2. 仪器准备 检查仪器，开机预热，洗涤吸收池做好实训前准备。

【实训操作】

（一）吸收光谱曲线的绘制

吸取上述$KMnO_4$标准液20ml于50ml容量瓶中，加蒸馏水稀释至刻线，摇匀。用1cm的吸收池，以蒸馏水为空白，依次选择420、440、460、480、500、520、522、524、525（此处多选几点）526、528、530、540、560、580……700 nm处测定$KMnO_4$的吸光度（A）值。即每次选定某一波长后，先以蒸馏水为空白调节$T = 100\%$后，再将装$KMnO_4$的吸收池推入光路测定吸光度（A）值，依次类推。最后以波长为横坐标，以吸光度为纵坐标，绘制吸收光谱曲线。

（二）最大吸收波长的选择

从绘制的吸收光谱曲线上找出最大吸收波长（λ_{max}）。

【实训现象、数据处理与结果、小结与评议】

（一）现象

（二）数据处理与结果

波长 λ（nm）											
吸光度											

结论：λ_{max} =

（三）小结与评议

1. 单色光不纯对于测得的吸收曲线有什么影响？

2. 比较同一溶液在不同仪器上测得的吸收曲线的形状、吸收峰波长以及相同浓度的吸光度等有无不同，试做解释。

3. 可见分光光度法能使用石英吸收池吗？

4. 自己设计一个可见分光光度法实验，按原理、试剂、仪器、实验过程写出实验方案。

当前对高职生谈爱岗敬业有什么意义？

1. 爱岗敬业是服务社会、贡献力量的重要途径。

2. 爱岗敬业是各行各业生存的根本。

3. 爱岗敬业能促进良好社会风气的形成。

4. 是对从业人员的职业道德要求。

5. 是高职生职业准备的重要内容。

6. 是事业成功的必要要求。是为人民服务精神的具体化，是人们对从业者工作态度的普遍要求。

技能训练三　标准曲线法测定水杨酸的含量

【预习思考】

1. 标准曲线法的定量方法。

2. T_6 型紫外 - 可见分光光度计的使用方法。

【实训目标】

1. 知识目标　用紫外分光光度法测定水杨酸含量的方法及原理。

2. 职业关键能力　正确使用 T_6 型紫外 – 可见分光光度计。

3. 素质目标　让学生明白怎样做才是爱岗敬业。

【实训用品】

1. 仪器　T_6 型紫外 – 可见分光光度计，1cm 石英吸收池（2 个），容量瓶（100ml，7 只），吸量管（1ml、2ml、5ml、10ml，各 1 支）。

2. 试剂　1.0mg/ml 水杨酸、40～60μg/ml 未知浓度水杨酸样品溶液。

【实训方案】

（一）实训形式

试液配制、仪器洗涤、仪器使用、实训记录等，分成 4 人一组，进行合理分工。

（二）实训过程

配制试剂溶液 → 校正仪器 → 吸光度检查 → 确定测定波长 → 测定吸光度 →

记录与计算 → 数据处理 → 结果判定

（三）实训前准备

1. 试剂准备

（1）1.0mg/ml 水杨酸标准溶液　称取水杨酸 0.1g（精确至 0.0001g），先用少量蒸馏水溶解，再用蒸馏水稀释至 100ml，混匀。

（2）100μg/ml 水杨酸标准溶液　吸取 10ml 的 1.0mg/ml 水杨酸标准溶液于 100ml 容量瓶中，再用蒸馏水稀释至 100ml，混匀。

（3）40～60μg/ml 未知浓度水杨酸样品溶液。

2. 仪器准备　检查仪器，开机预热，洗涤吸收池做好实训前准备。

【实训操作】

（一）吸收曲线的绘制

向 100ml 容量瓶中移入 100μg/ml 水杨酸标准溶液 10ml，再用蒸馏水稀释至 100ml，混匀配成浓度约为 10μg/ml 的待测溶液，以蒸馏水为参比，在波长 200～350nm 范围内测定吸光度，作吸收曲线。从曲线上查得最大吸收波长（最大吸收波长在 230nm 和 297nm 附近）。

（二）吸收池配套性检查

取 2 个石英吸收池，分别装入蒸馏水，在最大吸收波长处，以一个吸收池为参比，调节 T 为 100%，测定另一吸收池的透射比，其偏差应小于 0.5%，可配成一套使用，记录第二个吸收池的吸光度值作为校正值。

（三）标准曲线的绘制

准确吸取 100μg/ml 水杨酸标准溶液 0ml、2.00ml、4.00ml、6.00ml、8.00ml，分别加入 5 个 50ml 容量瓶中，稀释至刻度。配成了一系列不同浓度的标准溶液（0μg/ml、4.00μg/ml、8.00μg/ml、12.00μg/ml、16.00μg/ml），以蒸馏水为参比，在最大吸收波长处分别测出其吸光度，填入标准曲线记录表中。

然后以浓度为横坐标，以相应的吸光度为纵坐标，绘制出标准曲线。

（四）样品测定

移取未知液 5ml 于 100ml 容量瓶中，再用蒸馏水稀释至刻度，摇匀。以蒸馏水为参比，在最大吸收波长处测出其吸光度，由测量结果，从标准曲线查出样品的浓度。

【实训现象、数据处理与结果、小结与评议】

（一）现象

（二）数据处理与结果

1. 吸收曲线

波长（nm）
A

结论：$\lambda_{max} =$

吸收池的吸光度值校正值 $A_0 =$

2. 标准曲线

容量瓶编号	1	2	3	4	5
加入水杨酸标准液体积（ml）	0.00	2.00	4.00	6.00	8.00
ρ（μg/ml）	0.00	4.00	8.00	12.00	16.00
吸光度 A					

3. 结果计算

$$c_{原样} = c_{测} \times 稀释倍数$$

（三）小结与评议

此实验中，能否用普通光学玻璃吸收池进行测定？为什么？

技能训练四　邻二氮菲分光光度法测定水样中 Fe 的含量

【预习思考】

1. 掌握邻二氮菲测定微量铁的原理及显色条件的选择。
2. 熟悉分光光度法测定铁的操作方法。
3. 标准曲线的定量分析原理。

【实训目标】

1. 知识目标　掌握邻二氮菲测定微量铁的原理和方法。

2. 职业关键能力　分光光度法测定铁的操作方法。

3. 素质目标　培养学生正确的职业观念。

【实训用品】

1. 仪器　722N 型可见分光光度计，容量瓶（1000ml、50ml），吸量管（5ml）。

2. 试剂　$NH_4Fe(SO_4) \cdot 12H_2O$、HCl、邻二氮菲、盐酸羟胺、NaAc 等分析纯。

【实训方案】

（一）实训形式

试液配制、仪器洗涤、仪器使用、实训记录等，分成 4 人一组，进行合理分工。

（二）实训过程

配制试剂溶液 → 校正仪器 → 溶剂吸光度检查 → 确定波长 → 测定吸光度 →

记录与计算 → 数据处理 → 结果判定

（三）实训前准备

1. 试剂准备

（1）铁标准溶液（50μg/ml）　准确称取 0.45g 的纯 $NH_4Fe(SO_4) \cdot 12H_2O$ 于 100ml 烧杯中，加入 20ml HCl（6 mol/L）和少量蒸馏水，溶解后转移至 1000ml 容量瓶

中，稀释至刻度，摇匀。

（2）邻二氮菲　0.15% 水溶液，新配制的水溶液。

（3）盐酸羟胺　2% 水溶液，临时配制。

（4）NaAc 溶液（pH 约 5）　取醋酸钠 160g 加水溶解，加 60ml 冰醋酸，再加水稀释至 1000ml，摇匀。

（5）HCl 溶液　6mol/L。

2. 仪器准备　检查仪器，开机预热，洗涤吸收池做好实训前准备。

【实训操作】

（一）标准系列溶液配制

分别精密吸取铁标准溶液（50.0μg/ml）0.0、1.0、2.0、3.0、4.0、5.0ml 于 6 个 50ml 容量瓶中，依次加入醋酸盐缓冲溶液、盐酸羟胺溶液、邻二氮菲溶液各 5ml，每加入一种试剂后都要摇匀，最后用蒸馏水稀释至刻度，摇匀，放置 10min。

（二）吸收曲线的绘制与测定波长的选择

以标准系列溶液中的不加标准铁溶液的容量瓶中的溶液（即第一瓶空白溶液）作参比，用 1cm 吸收池，在 490～530nm 范围内，对标准系列中一种浓度的溶液（如加有 3.0ml 或 4.0ml 标准铁溶液）每隔 3～5ml 测定一次吸光度。然后，以吸光度为纵坐标，波长为横坐标，绘制吸收曲线，并选择吸收曲线的最大吸收波长（λ_{max}）为测定波长。

（三）标准曲线的绘制

选用 1cm 吸收池，以空白溶液作参比，在所选定的测定波长下，依次测定上述标准系列溶液中各溶液的吸光度。以吸光度为纵坐标，浓度（或含铁量）为横坐标，绘制标准曲线。

（四）水样测定

准确吸取适量的水样置于 50ml 容量瓶中，按上述标准系列溶液的配制方法依次加入各种试剂制成供试液，测定吸光度（A_{X}），从标准曲线上查出供试液的含铁量（C_X），并计算水样的含铁量（$c_{水样}$）

【实训现象、数据处理与结果、小结与评议】

（一）现象

（二）数据处理与结果

1. 吸收曲线的测绘与测定波长的选择

波长（nm）	490	495	500	505	508	510	512	515	520	525	530
A											

结论：λ_{max} = _____ nm

2. 标准曲线的绘制与样品溶液的测定

标准溶液体积（ml）	1.0	2.0	3.0	4.0	5.0	$V_{水样}=$
标准溶液浓度（μl/ml）	1.0	2.0	3.0	4.0	5.0	$c_x=$
吸光度						

3. 计算公式

$$c_{水样} = c_x \times 稀释倍数$$

（三）小结与评议

1. 盛标准系列溶液及水样的容量瓶应编号，以免混淆。
2. 由浓到稀配制标准溶液，由稀到浓测定实验数据。
3. 绘制表时，单位取整数，间隔要适当。
4. 正确切换透光率 T 或吸光度 A，并读数准确。

1. 本次实验量取各种试剂时，采用何种量器较为合适？为什么？
2. 根据绘制标准曲线时所测得的数据，判断本次实验所得结果线性如何，并分析其原因。
3. 显色反应操作中，各标准溶液与样品液的含酸量不同，对显色有无影响？
4. 用邻二氮菲测定铁时，为什么要在测定前加入？

观点碰撞：高职生如何正确对待职业评价和职业待遇？
合理的物质需要，不要斤斤计较。
不要忘精神需要，提升人格魅力。

技能训练五 双波长分光光度法测定复方磺胺甲噁唑片的含量

【预习思考】

1. 掌握双波长分光光度法原理和方法。

2. 熟悉确定测定波长和参比波长的原则和方法。

3. 熟悉用双波长分光光度法测定复方磺胺甲噁唑片含量的方法和结果计算。

【实训目标】

1. 知识目标 双波长分光光度法原理和方法。

2. 职业关键能力 用双波长分光光度法测定复方磺胺甲噁唑片含量的方法和结果计算。

3. 素质目标 正确指导学生爱岗敬业，为将来从事职业做准备。

【实训用品】

1. 仪器 紫外－可见分光光度计，石英、玻璃吸收池，电子天平，容量瓶（1000ml、100ml），吸量管。

2. 试剂 磺胺甲噁唑对照品、甲氧苄啶对照品、复方磺胺甲噁唑片、乙醇、0.4%氢氧化钠液、盐酸－氯化钾溶液。

【实训方案】

（一）实训形式

试液配制、仪器洗涤、仪器使用、实训记录等，分成4人一组，进行合理分工。

（二）实训过程

配制试剂溶液 → 校正仪器 → 溶剂吸光度检查 → 确定波长 → 测定吸光度 →

记录与计算 → 数据处理 → 结果判定

（三）实训前准备

1. 试剂准备

（1）磺胺甲噁唑对照品溶液 精密称取经105℃干燥至恒重的磺胺甲噁唑对照品50mg于100ml容量瓶中，加乙醇稀释至刻度，摇匀，即得。

（2）甲氧苄啶对照品溶液 精密称取经105℃干燥至恒重的甲氧苄啶对照品10mg，置100ml容量瓶中，加乙醇溶解并稀释至刻度，摇匀，即得。

（3）供试品溶液的制备 取复方磺胺甲噁唑片10片，精密称定，研细，精密称取适量（约相当于磺胺甲噁唑50mg，甲氧苄啶10mg）置100ml容量瓶中，加乙醇适量振摇15min，溶解并稀释至刻度，摇匀，滤过，取续滤液备用。

2. 仪器准备 检查仪器，开机预热、洗涤吸收池做好实训前准备。

【实训操作】

（一）磺胺甲噁唑含量测定

分别精密量取供试品溶液、磺胺甲噁唑对照品溶液和甲氧苄啶对照溶液各2ml，分别置 100ml 容量瓶中，均加 0.4% 氢氧化钠液稀释至刻度，摇匀。照分光光度法以 0.4% 氢氧化钠液为空白，取甲氧苄啶对照液的稀释液，以 257nm 为测定波长（λ_2），在304nm 波长附近（每间隔 0.5 nm）选择等吸收点波长为参比波长（λ_1），要求 $\Delta A = A_{\lambda_2} - A_{\lambda_1} = 0$。再在 λ_2、λ_1 波长处分别测定供试品溶液的稀释液与磺胺甲噁唑对照液的稀释液各自的吸光度差值（$\Delta A_{供试}$ 和 $\Delta A_{对照}$）。计算标示百分含量。

（二）甲氧苄啶的含量测定

分别精密量取磺胺甲噁唑对照品溶液、甲氧苄啶对照品溶液和供试品溶液各 5ml，分别置 100ml 容量瓶中，各加盐酸 – 氯化钾溶液（盐酸液（0.1mol/L）75ml 与氯化钾 6.9g，加水至 1000ml），稀释至刻度，摇匀，照分光光度法，以盐酸 – 氯化钾溶液为空白，取磺胺甲噁唑对照品溶液的稀释液，以 239.0nm 为测定波长（λ_2），在 295nm 波长附近（每间隔 0.2nm）选择等吸收点波长为参比波长（λ_1），要求 $\Delta A = A_{\lambda_2} - A_{\lambda_1} = 0$。再在 λ_2、λ_1 波长处分别测定甲氧苄啶对照品溶液的稀释液及供试品溶液的稀释液各自的吸光度差值（$\Delta A_{对照}$ 和 $\Delta A_{供试}$）。计算标示百分含量。

【实训现象、数据处理与结果、小结与评议】

（一）现象

（二）数据处理与结果

1. 磺胺甲噁唑（SMZ）标示百分含量

$$SMZ,\% = \frac{\Delta A_{供试} \times SMZ\,对照品质量 \times SMZ\,对照品含量 \times 平均片重}{\Delta A_{对照} \times 样品质量 \times 标示量} \times 100\%$$

2. 甲氧苄啶（TMP）标示百分含量

$$TMP,\% = \frac{\Delta A_{供试} \times TMP\,对照品质量 \times TMP\,对照品含量 \times 平均片重}{\Delta A_{对照} \times 样品质量 \times 标示量} \times 100\%$$

（三）小结与评议

特别提示

复方磺胺甲噁唑片中含有磺胺甲噁唑（SMZ）0.4g 和甲氧苄啶（TMP）0.08g，二者吸收曲线重叠，对测定有干扰。采用等吸收点双波长分光光度法可消除干扰，不经分离可分别测定二者的含量（图 1 – 2 和图 1 – 3）。

1. 测定 SMZ 时，需消除 TMP 的干扰，在碱性条件下选择 SMZ 的吸收峰 257nm 为测定波长（λ_2），从该吸收峰处向下作一垂线，与 TMP 的吸收曲线交于 M 点，从 M 点作一平行于横坐标的直线在 TMP 的吸收曲线上交于 N 点，N 点波长为 304nm，即参比波长（λ_1）。这样得到的 ΔA 值较大，能较准确定量。

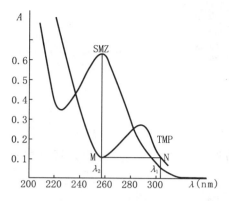

图1-2　测定SMZ消除TMP干扰的示意图

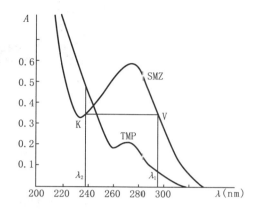

图1-3　测定TMP消除SMZ干扰的示意图

2. 测定TMP时，需消除SMZ的干扰。在酸性条件下，以选择测定波长λ_2为239nm较好（此波长在TMP吸收曲线陡峭部分，而不是最大吸收峰处），若选择TMP吸收曲线上的最大吸收峰波长为测定波长，则SMZ在该波长处有很大吸收，会引入较大误差。

1. 双波长分光光度法进行复方制剂含量测定的原理是什么？测定的基本条件是什么？

2. 双波长分光光度法的优缺点各是什么？

3. 从SMZ和TMP的吸收曲线上如何分别找出等吸收点波长和ΔA？

4. 测定复方磺胺甲噁唑片时要注意哪些问题？

5. 精密称取复方磺胺甲噁唑10片，总重量为5.5040g。SMZ对照品0.0503g，含量为98.50%；TMP对照品重0.00994g，含量为99.80%。精密称取该片细粉0.0759g，按《中国药典》规定用双波长分光光度法测定SMZ含量，257nm处$A_{对照}$为0.330，$A_{供试}$为0.368；304nm处$A_{对照}$为0.008，$A_{供试}$为0.0180。计算SMZ的百分标示量（标示量为0.4g）。

6. 按上题所给条件，精密吸取TMP对照品溶液和供试品溶液各5ml，分别置100ml容量瓶中。稀释后按药典方法测定TMP含量，在239nm处，$A_{供试}$为0.385，$A_{对照}$为0.143；在295nm处，$A_{供试}$为0.240，$A_{对照}$为0.012，计算TMP的百分标示量（标示量为80mg）。

　　爱岗敬业，用一句通俗说就是：干一行，爱一行，钻一行，精一行。作为高职生如何为将来的爱岗敬业做准备？

------------------------------ 检 测 与 评 价 ✎ ------------------------------

一、知识题

（一）填充题

1. 在一定的条件下，吸光物质对单色光的吸收符合_____定律，其数学表达式是_____。

2. 紫外 – 可见分光光度计的基本构造都相似，都由_____、_____、_____、_____和_____五大部件组成。

3. 单色光是具有_____的光，722 型分光光度计用_____获得单色光。

4. 紫外 – 可见分光光度计中，可见光区常用的光源为_____，可用的波长范围为_____；紫外光区常用的光源为_____，它发射的连续波长范围为_____。

5. 可见光区使用_____吸收池，紫外光区使用_____吸收池。

（二）问答题

1. 下列操作中，哪些操作是错误的？

（1）拿吸收池时，用手指捏住吸收池的毛玻璃面。

（2）拿吸收池时，用手指捏住吸收池的光学玻璃面。

（3）测量时，池内盛的液体量约为池高的 2/3 ~ 4/5。

（4）仪器开机后马上开始测量。

（5）打开仪器的电源开关，预热 20min 后，再开始测量。

（6）测量时，先测浓度高的溶液，后测低浓度的溶液。

（7）更换光源灯时，戴上手套操作。

（8）测量完毕，关闭仪器电源开关，但没切断电源。

2. 简述波长准确度检查方法。

3. 简述吸收池的配套性检验方法。

4. 在吸收池配套性检查中，若吸收池架上二、三、四格吸收池吸光度出现负值，应如何处理？

5. 爱岗敬业定义是什么？当前对高职生谈爱岗敬业有什么意义？

6. 高职生如何正确对待职业评价和职业待遇？

二、操作技能考核题

（一）题目

邻二氮菲分光光度法测定水中微量铁。

（二）考核要点

1. 仪器开、关机操作。

2. 吸收池配套性检查。

3. 标准系列和试样的显色操作。

4. 吸光度测量操作。

5. 标准曲线绘制和试样中含铁量的计算。

6. 文明操作。

（三）仪器与试剂

1. 仪器 可见分光光度计（722N 型）；吸收池（1cm）4 个；容量瓶（50ml）8 只；吸量管（1ml、2ml、10ml）各 1 支；吸量管（5ml）2 支。

2. 试剂 铁标准溶液（20μg/ml），盐酸羟胺，100g/L，邻二氮菲（1.5g/L），醋酸钠溶液（1.0mol/L），铁试样（浓度约为 16~24μg/ml）。

（四）实验步骤

1. 标准曲线的绘制 准确吸取 0、2、4、6、8、10ml 铁标准溶液（20μg/ml）于 6 个 50ml 容量瓶中，加蒸馏水适量，摇匀，分别加入 1ml 盐酸羟胺、2ml 邻二氮菲、5ml 醋酸钠溶液，稀释至刻度，摇匀，于 510nm 波长处分别测定其吸光度。然后以浓度为横坐标，相应的吸光度为纵坐标绘制出标准曲线。

2. 样品测定 准确吸取 5ml 铁试样溶液于 50ml 容量瓶中，加蒸馏水适量，摇匀，分别加入 1ml 盐酸羟胺、2ml 邻二氮菲、5ml 醋酸钠溶液，稀释至刻度，摇匀。于 510nm 波长处测定试样的吸光度，从标准曲线查出样品的浓度。平行测定 2 次。

三、技能考核评分表

《仪器分析》操作评分细则

项目	考核内容	分值	操作要求	得分标准	扣分说明	扣分	得分
（一）仪器准备（5分）	玻璃仪器洗涤效果	1	不挂水珠	1			
	吸收池的洗涤	2	正确	2			
	仪器自检、预热	2	正确	2			
（二）溶液制备（10分）	吸管的润洗	1	正确	1			
	管尖的擦拭	1	正确	1			
	吸管吸液操作	1	正确	1			
	吸管液面调节	1	正确、准确、无重复	1			
	吸管放液操作	1	正确	1			
	容量瓶溶液稀释方法	2	正确	2			
	定容准确	2	准确	2			
	摇匀方法	1	正确	1			
（三）吸收池的使用（5分）	手持吸收池的方法	1	正确	1			
	吸收池的润洗	1	规范	1			
	吸收池装液高度	1	适宜	1			
	吸收池的擦拭	1	正确、干净	1			
	吸收池用完后的处理	1	正确	1			

续表

项目	考核内容	分值	操作要求	得分标准	扣分说明	扣分	得分
（四） 分光光 度计的 操作 （4分）	波长调节	1	正确	1			
	试液对仪器污染否	1	未污染	1			
	吸光度读数方法	1	正确、准确	1			
	测定结束工作	1	关闭电源、罩好防尘罩	1			
（五） 定量 测定 （32分）	标准系列溶液的配制	1	正确（不少于6个）	1			
	吸收曲线的绘制	3	正确	3			
	测定波长的准确度	2	准确	2			
	吸收池配套性检查	1	正确、准确	1			
	工作曲线的绘制	1	正确（描点作图）	1			
	试样吸光度在工作曲 线中的位置	2	适宜	2			
	工作曲线的线性 （相关系数 $r > 0.990$）	16	≥ 0.9999	0			
			$0.9999 > r \geq 0.9995$	4			
			$0.9995 > r \geq 0.9990$	8			
			$0.9990 > r \geq 0.995$	12			
			$r < 0.995$	16			
	曲线标注项目齐全	2	齐全	2（0.5/项）			
	标准曲线斜率 （k 接近于1）	2	$1.20 \geq k \geq 0.84$	0			
			$1.73 \geq k > 1.20$ $0.84 > k \geq 0.58$	1			
			$k > 1.73$，$k < 0.58$	2			
	工作曲线使用方法	2	正确	2			
（六） 文明 操作 （4分）	实验过程中台面、废 液、纸屑等的处理	2	整洁、有序	2			
	实验后台面、试剂、 仪器、废液、纸屑等 的处理	2	整洁、有序	2			
	仪器的损坏		损坏一件（倒扣分）	4			
（七） 测定 准确 度 （30分）	好	30	$\leq 1\%$	0			
	较好		$1\% \sim 2\%$（含2%）	6			
	一般		$2\% \sim 3\%$（含3%）	12			
	较差		$3\% \sim 4\%$（含4%）	18			
	差		$4\% \sim 5\%$（含5%）	24			
	很差		$>5\%$	30			

续表

项目	考核内容	分值	操作要求	得分标准	扣分说明	扣分	得分
（八）数据记录报告处理（10分）	项目内容记录	3	及时、规范、齐全	3（1/项）			
	更改数值	2	符合要求	2			
	计量单位的使用	2	规范	2			
	计算结果	3	正确	3			
	数据转抄、誊写、拼凑		取消竞赛资格				
（九）操作时间	完成时间	120	分钟开始	时间每延时5min扣1分，最多延时20min，提前完成不加分			
			结束时间				
	总分	100					

红外分光光度法

一、基础知识

1. 红外分光光度法概述 又称红外吸收光谱法，它是利用物质对红外光电磁辐射的选择性吸收特性来进行结构分析、定性分析和定量分析方法。红外光是指波长范围介于 $0.8 \sim 1000\mu m$ 的电磁波。光波谱区及能量跃迁相关图见图 2-1。

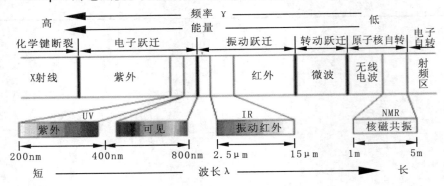

图 2-1 光波谱区及能量跃迁相关图

红外光谱涉及分子的电子能级，主要是振动能级跃迁。

（1）近红外光区（$0.78 \sim 2.5\mu m$）主要用于研究分子中的 O-H、N-H 及 C-H 键的振动倍频与组频。

（2）中红外光区（$2.5 \sim 50\mu m$）应用最广，主要用于研究大部分有机化合物的振动基频。

（3）远红外光区（$50 \sim 1000\mu m$）主要用于研究分子的转动光谱。

2. 红外光谱图表示方法 红外光谱图一般用 $T-\sigma$ 曲线或 $T-\lambda$ 曲线来表示，见图 2-2。

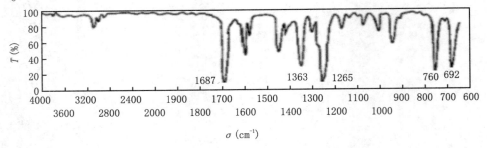

图 2-2 红外光谱图

红外光谱图是由红外光谱仪录制而成的。红外光谱仪的发展大致经历了这样的过程：第一代的红外光谱仪以棱镜为色散原件，由于光学材料制造困难，分辨率低，并要求低温低湿等，这种仪器现已被淘汰。20 世纪 60 年代后发展的以光栅为色散原件的第二代红外光谱仪，分辨率比第一代仪器高得多，仪器的测量范围也比较宽。20 世纪 70 年代后发展起来的傅里叶变换红外光谱仪是第三代产品。目前，商品红外光谱仪主要是色散型红外光谱仪和傅里叶变换红外光谱仪（FT - IR）两种，常用的是 FT - IR 光谱仪。

二、仪器结构

图 2 - 3、图 2 - 4、图 2 - 5 所示为常见型号红外光谱仪结构框图和仪器图。

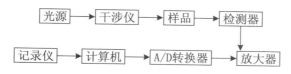

光源 → 样品室 → 单色器 → 检测器 → 放大器 → 光学记录仪

图 2 - 3　色散型红外光谱仪结构方框图

光源 → 干涉仪 → 样品 → 检测器

记录仪 → 计算机 → A/D转换器 → 放大器

图 2 - 4　傅里叶变换红外光谱仪结构方框图

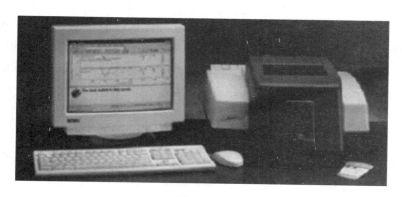

图 2 - 5　红外光谱仪

1. 色散型红外光谱仪主要部件　原理见图 2 - 6。

（1）辐射源（光源）　常用能斯特灯、硅碳棒。

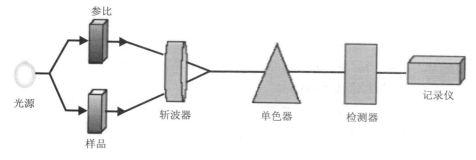

图 2 - 6　色散型型红外光谱仪原理示意图

（2）单色器　衍射光栅。

（3）检测器　真空热电偶。

（4）样品池　气体池、液体池和密封池（固体吸收池）。

2. 傅里叶变换红外光谱仪的主要部件

（1）辐射源。

（2）单色器　迈克尔逊干涉仪原理见图 2－7。

（3）检测器　热电型硫酸三甘肽和光电型检测器。

（4）计算机系统。计算机处理图见图 2－8。

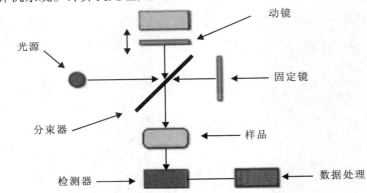

图 2－7　傅里叶变换红外光谱仪干涉仪原理示意图

傅里叶变换红外光谱仪（FTIR）与色散型红外光谱仪的主要区别在于用干涉仪系统取代了单色器，其基本结构如图 2－7 所示。很明显，这种干涉图不是我们熟悉的红外光谱。因此必须经过傅里叶变换，才能得到吸收强度或透光率随频率或波数变化的普通红外光谱图。这套变换处理非常复杂，必须借助计算机才能进行。

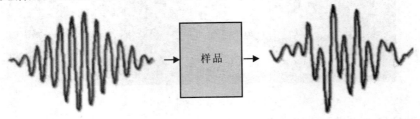

图 2－8　计算机处理图

三、仪器操作规范

化合物红外光谱图特征谱带频率、强度和形状因制样方法不同可能带来一些变化，对不同的样品采用不同的制样方法是红外光谱研究中取得信息的关键。

（一）红外光谱法对试样的要求

（1）试样应是单一组分的纯物质，纯度应大于 98% 或符合商业标准。

（2）试样中不应含有游离水，水本身有红外吸收，会严重干扰样品谱，还会侵蚀吸收池的盐窗。

（3）试样的浓度和测试厚度应选择适当，以使光谱图中大多数的透光率在 10% ～

80%范围内。

（二）试样的制备

1. 气体　气体池。

2. 液体

（1）夹片法　将样品夹于两块窗片之间，展开成液膜，置于栏品架，该法不适合低沸点易挥发样品。

（2）吸收池法　用注射器将样品注入液体密封吸收池中，适合低沸点样品或溶液样品。

（3）涂膜法

①加热加压法　将样品置于一晶片上，在红外灯下加热，待易流动时，合上另一晶片加压展开。该法适合于黏度适中或偏大的液体样品。

②溶液涂膜法　将样品溶于低沸点溶液中，然后滴于温热晶片挥发成膜，该法用于黏度较大而又不能加热加压展薄的样品。

3. 固体

（1）研糊法（液体石蜡法）　取5mg试样研磨后加入一滴液体石蜡（用于1300～400cm^{-1}）或全氟化烃（用于4000～1300cm^{-1}）研磨均匀，把糊膏夹于两个溴化钾片之间测定。

（2）KBr压片法　取1～1.5mg固体样品与200～300mg KBr在玛瑙研钵中研磨，粒度在2.5μm（散射小）以下，在压片专用模具上加压成透明薄片，该法适用于大部分固体样品，但不适于鉴别有无羟基存在。

（3）薄膜法　将试样溶于低沸点溶剂中，将溶液涂于KBr窗片上，待溶剂挥发后，样品留在窗片上而成薄膜；若样品熔点较低可将样品置于晶片上加热熔化，合上另一晶片。图2-9、图2-10、图2-11、图2-12为压片模具及液体池。制样方法见图2-13。

图2-9　小型手动压片机及压片模具

图2-10　可抽真空KBr压片模具

图2-11　可拆液体池，用于挥发性样品

图2-12　密封液体池，用于非挥发性样品

涂膜法

KBr压片法

图2-13 制样方法

附一：Irsolution 简易操作手册

一、开机及启动软件

1. 打开仪器前部面板上的电源开关。

2. 打开计算机，至 WIN2000 界面出现。

3. 双击桌面 IRsolution 快捷键，输入设定的密码，然后点击 OK。

二、选择仪器及初始化

1. 选择菜单条上的 Environment（环境）＞Instrument Preferences（仪器参数选择）＞Instruments（仪器），选择仪器"FTIR8000series"。

2. 选择菜单条上的 Measurement（测量）＞Initialize（初始化），初始化仪器至两只绿灯亮起，即可进行测量。

三、光谱测定

（一）测定参数的设定

1. 在 Data 页中，设置 Measuring Mode，选择％ Transmittance（透过率）；Apodization（变迹函数）选择 Happ – Genzel（哈 – 根函数）；No. of Scans（扫描次数），设置 40；Resolution（分辨率），设置 $4cm^{-1}$；Range（波数范围），设置 $4600 \sim 400cm^{-1}$。

2. 在 Instrument 页中，Beam（光束），选择 Internal（内部）；Detector（检测器），选择 Standard（标准）；Mirror Speed（动镜速度），选择 2.8mm/sec。

3. 在 More 页中，如下设置。Normal：Gain，选择 auto；Aperture，选择 auto。Monitor：Gain，选择 1；Mode，选择％Transmittan。

4. 在 Files 页中，输入文件名，保存为 Parameter files（参数文件 .ftir）。

5. 在 Data file 框中，写入待测谱图的文件名，选择合适的路径，在 Comment 框中输入文本加以说明。

（二）光谱测定

1. 点击此窗口的 $\boxed{\text{BKG}}$ 键，进行背景扫描，如下图：

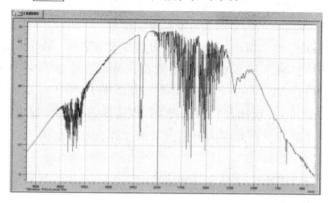

2. 插入样品，点击 $\boxed{\text{Sample}}$ 键，即可进行样品扫描，如下图：

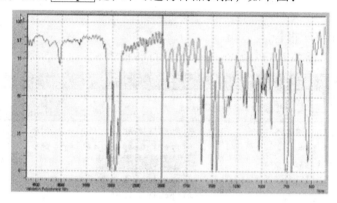

3. 自动保存或换名保存为 smf 文件（＊．smf）。

（三）数据处理

1. 峰值检测 选择 Manipulation 1（操作）＞Peaktable（峰表），设置参数如下：

Noise（噪音）、Threshold（峰阈值）、Min Area（最小峰面积）；点击 $\boxed{\text{Calc}}$，各峰波数标在峰的旁边，选取峰数的多少，可通过改变各参数值，如果对计算结果满意，点击 OK。峰表显示于 View 页。点击鼠标右键，通过选择 $\boxed{\text{Show Peak Table}}$，设置是否显示峰表。

2. 基线校正 选择 Manipulation 1（操作 1）＞Baseline（基线校正）＞Zero（零基线），基线校正操作中可选择 0、3 点或多点，如下：

0 点，基线调整到最大透过率为 100%（最小 Abs ＝ 0）；

3 点，选择谱图中 3 处波数，调整到预定透过率；

多点，选择谱图中多处波数，调整到最大透过率为 100%；点击 $\boxed{\text{Add}}$ 键，

利用光标在需要成为基线的波数上点击，选择多个点，完毕后，点击 $\boxed{\text{Calc}}$，点击 OK 确认。

（四）谱图检索

IRsolution 软件中含有 IRs ATR Reagent、IRs Polymer 和 IRs Reagent 三个谱库，共 430 多张谱图，以供检索。检索方法如下。

1. 激活未知谱图。

2. 功能条中 Search 键 Libraries 页中定义使用的谱库；Parameters 页中输入有关检索参数，Maximum hits 中输入显示命中谱图数量，Minimum quality 中输入最小匹配度（HQI 分值 0～1000）；Algorithm（运算法则）中选择 Pearson（皮尔森）或 Euclidean（欧几里德）；Skip Points（跳读点）中选择 4；点击 Search 键，显示检索结果。上半部分是未知谱图，中间是与之相匹配的谱图，下半部分是检索报告。

（五）打印报告

软件中有常用报告模板，也可自己创建。

1. 激活要打印的谱图。

2. 选择 File > Print，出现如图窗口，点击确定，在接下来的窗口中选择模板报告，点击打开。

3. 点击 Print 打印报告。

4. 打印前可选择 File > Print Preview 预览打印报告。

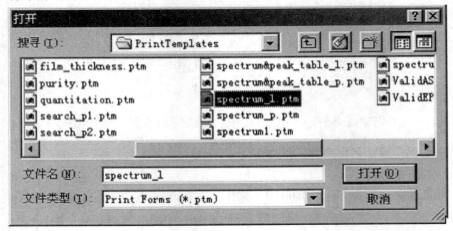

（六）关机

1. 选择 File > Exit，退出程序。

2. 从计算机桌面的开始菜单中选择关机，出现安全关机提示。

3. 关闭计算机电源。

4. 关闭仪器电源。

附二：FTIR - 8400S 日常维护

1. 保持室内干燥，南方潮湿地区空调和除湿机必须全天开放。

2. 经常检查干燥剂颜色，如果蓝色变浅，立即更换。

3. 设备停止使用时，样品室内放置盛满干燥剂的培养皿。

4. 光路中有激光，开机时严禁眼睛进入光路。

5. 放置设备的桌子应稳定（比较沉）、水平，避免震动。

6. 干燥剂再生：将干燥剂在烘箱内105℃烘干至蓝色（约3h）即可。

7. 将压片模具、KBr晶体、液体池及其窗片放在干燥器内备用。

8. 液体池使用 NaCl、CaF_2、BaF_2 等晶体时，因晶体很脆易碎，应小心保存；

9. 液体池使用 KRS－5 时，因 KRS－5 晶体剧毒，使用时避免直接接触（戴手套），打磨 KRS－5 晶体时避免接触或吸入 KRS－5 粉末，打磨废弃物必须妥善处理。

10. 备份红外软件，软盘注意写保护。

附三：尼高力红外光谱仪

一、开机

依次打开稳压电源、主机电源、计算机电源。

1. 开机 红外光谱仪左上有两个灯，正常状态为两个灯一直亮，第一盏灯亮，第二盏闪。

2. 打开电脑软件 有绿色同时右上角显（√）状态说明可以使用。

二、参数设置

1. 设置实验条件 点 Exptset（实验设置）设置实验条件（也可点采集/实验设置，一般默认值/确认）。

2. 一般仪器默认值 扫描次数（32），分辨率（4），最终格式（%透光率），校正（无）。实验标题（填实验名称），文件处理（可以自动保存随意），背景处理（采集样品前采集背景）。

三、光谱测定

1. 采集背景图谱

（1）背景处理方式（选择第一个）。

（2）采集→采集样品（colsmp）→点输入谱图标题→确定→请准备背景采集（放空白溴化钾进去）→确定。

2. 采集样品图谱 看左下角状态，请准备样品采集（放样品）→确定→数据采集完成→是。

3. 光谱保存、提取

（1）点击主菜单中的文件→点击下拉式菜单中的保存→键入文件名→确认。

（2）点击主菜单中的文件→打开下拉式菜单中的打开→选择要提取文件→确认。

四、关机

点关闭按钮退出。关闭计算机电源、红外分光光度计主机电源。

五、填写仪器使用记录

按要求填写仪器使用记录。

技能训练一 红外分光光度计的性能检定

【预习思考】

1. 了解红外分光光度计的性能指标及检查方法。
2. 了解红外分光光度计的工作原理及其操作方法。

【实训目标】

1. **知识目标** 仪器基本结构、工作原理。。
2. **职业关键能力** 红外分光光度计的性能要求和检查方法及使用。
3. **素质目标** 让学生理解诚实守信的含义。

【实训用品】

1. **仪器** 光栅型红外分光光度计。
2. **试剂** 聚苯乙烯薄膜。

【实训方案】

（一）实训形式

仪器使用、实训记录等分成 4 人一组，进行合理分工。

（二）实训过程

仪器的鉴定 → 设置测定参数 → 测绘红外光谱 → 谱图分析 → 结果与判断

（三）实训前准备

了解红外光谱仪工作环境，检查仪器里干燥剂是否失效，空气湿度是否合适。熟读仪器操作说明，观察仪器结构理解仪器工作原理。检查仪器，开机预热，做好实训前准备。

【实训操作】

（一）测定聚苯乙烯薄膜的红外光谱

调节波数至 4000cm^{-1}，然后调节 0%T、100%T，将聚苯乙烯薄膜置于样品光路上，用标准狭缝程序及标准扫描时间，绘制聚苯乙烯薄膜的红外光谱，见表 2 - 1。

表 2 - 1 聚苯乙烯薄膜用于波数校正的吸收峰峰位

吸收峰序号	1	2	3	4	5	6	7	8	9	10
峰位（cm^{-1}）	3104	3083	3061	3027.1	3001	2924	2850.7	1944	1871.0	1801.6
振动类型	芳氢伸缩振动					烷氢伸缩振动		泛频峰		
吸收峰序号	11	12	13	14	15	16	17	18	19	20
峰位（cm^{-1}）	1601.4	1583.1	1494	1181.4	1154.3	1069.1	1028.0	906.7	698.9	541
振动类型	苯环骨架振动			苯环氢面内弯曲振动				苯环氢面外弯曲振动		

规定标准见《中国药典》附录中规定。

(二) 分辨率

要求在 3110 ~ 2850cm^{-1} 范围内应清晰地分辨出不饱和碳氢与饱和碳氢伸缩振动的 7 个峰。从约 1583cm^{-1} 最高点至约 1590cm^{-1} 最低点的波谷深度的透光率应不小于 12%，从约 2851cm^{-1} 最高点至约 2870cm^{-1} 最低点的波谷深度的透光率应不小于 18%。

(三) 波数准确性

用 2851cm^{-1}、1601cm^{-1}、1028cm^{-1} 及 907cm^{-1} 处的吸收峰对波数进行校正。在 4000 ~ 2000cm^{-1} 区间，波数精度应小于 ± 8cm^{-1}；在 2000 ~ 400 cm^{-1} 区间，波数精度应小于 ±4cm^{-1}。

【实训现象、数据处理与结果、小结与评议】

(一) 现象

(二) 数据处理与结果

1. 测定聚苯乙烯薄膜的红外光谱

吸收峰序号	1	2	3	4	5	6	7	8	9	10
峰位 （cm^{-1}）										
振动类型										
吸收峰序号	11	12	13	14	15	16	17	18	19	20
峰位 （cm^{-1}）										
振动类型										

2. 分辨率

3. 波数准确性

(三) 小结与评议

课外延伸

1. 解析聚苯乙烯薄膜红外光谱中主要吸收峰的归属。
2. 红外分光光度计使用操作。

诚实守信：

指为人处事要真心诚意，实事求是，不虚假，不欺诈，遵守承诺，讲究信用，注重质量和信誉。

诚实和守信意思相同，诚实是守信的基础，守信是诚实的具体体现。诚实守信是中华民族的传统美德，是"立国之本"、"做人之本"，是国之所以强大、人之所以为人的最重要的品德。

技能训练二　阿司匹林红外光谱的绘制与识别

【预习思考】

1. 熟悉红外光谱仪器的使用规程及红外光谱的固体试样制备。

2. 通过图谱解析及标准谱图的检索比对，了解红外光谱鉴定药物的一般过程。

【实训目标】

1. 知识目标　熟悉红外光谱的固体试样制备及红外光谱的测绘。

2. 职业关键能力　通过图谱解析及标准谱图的检索比对，了解红外光谱鉴定药物的一般过程。

3. 素质目标　在市场经济条件下，让学生明白提倡诚实守信的重要意义。

【实训用品】

1. 仪器　红外光谱仪、玛瑙研钵、压片模具。

2. 试剂　阿司匹林（要求试样纯度 >98%，且不含水）、KBr 粉末、石蜡油。

【实训方案】

（一）实训形式

样品制备 、仪器使用、实训记录等，分成 4 人一组，进行合理分工。

（二）实训过程

试样制备┃
仪器检定┃→ 设置测定参数 → 测绘红外光谱 → 谱图分析 → 结果与判断

（三）实训前准备

1. 试样制备

（1）压片法　称取干燥的阿司匹林样品约 1～2mg 置于玛瑙研钵中磨细，加入约 200mg 干燥的 KBr 细粉（过 200 目筛），研磨混匀。将研磨好的物料倒入专用红外压片模子（Φ13mm）中铺匀，装好模具置油压机上并连接真空系统，先抽气约 5min 以除去混在粉末中的湿气和空气，再边抽气边加压至 1.5～1.8MPa 约 2～5min。除去真空，取下模具，取出透明的片子，将其放在样品架上，待测。

（2）糊状法（石蜡油法） 取少量干燥的阿司匹林试样置于玛瑙研钵中磨细，滴入几滴石蜡油研磨至呈均匀的糨糊状，取此糊状物涂在可拆液体池的窗片上或空白 KBr 片上，即可测定。

2. 仪器准备 检查仪器，开机预热，做好实训前准备。

【实训操作】

将上述制备的样品置仪器样品（s）光路中，参比（R）光路上放空白 KBr 片，选择适当的增益、狭缝程序及扫描时间，在 4000～400cm^{-1} 范围内进行全程扫描，记录笔自动描绘阿司匹林的红外吸收光谱。

【实训现象、数据处理与结果、小结与评议】

（一）现象

（二）实验记录

1. 阿司匹林红外光谱 见图 2-14、图 2-15。

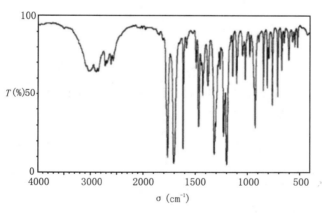

图 2-14 阿司匹林（乙酰水杨酸）的红外光谱图（压片法）

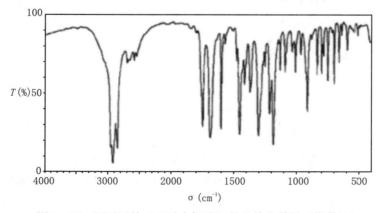

图 2-15 阿司匹林（乙酰水杨酸）的红外光谱图（糊状法）

2. 查 SADTLER 红外标准光谱核对

（三）小结与评议

1. KBr 压片法，制样要均匀，否则制得片子有麻点而导致透光率低。

2. 使用液体池时，须注意窗片的保护。测定后，用适宜的溶剂如 CCl_4、CS_2 等将吸收池洗 2～3 次，然后将液体池保存在干燥器中。

3. 使用可拆卸液体池时，在操作中注意不要形成气泡。

4. 由于各种型号的仪器性能不同，样品制备时研磨程度的差异或吸水程度不同等原因，均会影响光谱的性状。因此，进行光谱比对时，应考虑各种因素可能造成的影响。

5. 阿司匹林是常用的解热镇痛药，其分子式为：

$$\text{COOH} \quad \text{OCOCH}_3$$

6. 本实验采用两种方法制样，绘制阿司匹林的红外光谱，然后进行光谱解析，查阅标准红外光谱定性鉴别。

1. 压片法制备固体样品应注意什么问题？

2. 糊状法制样应注意什么？

诚实守信的意义：

　　诚实守信是为人处世的基本准则，是中华民族的传统美德，是从业人员对社会、对人民所承担的义务和职责，是人们在职业活动中处理人与人之间关系的道德准则。诚实守信是各行各业的生存之道。

技能训练三 磺胺嘧啶红外吸收光谱的绘制与识别

【预习思考】

1. 熟悉溴化钾压片法。

2. 熟悉用色散型或傅里叶变换型红外分光光度计绘制红外光谱的方法。

3. 熟悉用标准图谱对比法鉴别药物真伪的方法。

【实训目标】

1. 知识目标 用标准图谱对比法鉴别药物真伪的方法。

2. 职业关键能力 溴化钾压片法、红外光谱的绘制方法。

3. 素质目标 人无忠信，不可立于世，让学生理解怎样才能做到诚实守信。

【实训用品】

1. 仪器 红外光光度计、压片模具、玛瑙研钵。

2. 试剂 磺胺嘧啶、溴化钾光谱纯。

【实训方案】

（一）实训形式

样品制备、仪器使用、实训记录等，分成 4 人一组，进行合理分工。

（二）实训过程

$$\left.\begin{array}{l}\text{试样制备}\\\text{仪器检定}\end{array}\right\} \rightarrow \boxed{\text{设置测定参数}} \rightarrow \boxed{\text{测绘红外光谱}} \rightarrow \boxed{\text{谱图分析}} \rightarrow \boxed{\text{结果与判断}}$$

（三）实训前准备

1. 压片准备 取磺胺嘧啶供试品 1mg，置玛瑙研钵中，加 200 目光谱纯干燥的溴化钾 200mg，充分研磨混匀后，移置直径为 13mm 的压模中。用冲头将样品铺均匀，把模具放入油压机，压模具与真空泵相连，抽气约 2min 后，加压至（0.8～1）× 106kPa，保持压力 2～5min。除去真空，缓缓减压至常压，取下模具，得厚约 1mm 的透明溴化钾片，目视检查应均匀透明。

2. 仪器准备 检查仪器，开机预热，做好实训前准备。

【实训操作】

（一）红外光谱测绘

用镊子将溴化钾样品片置片架上，放于红外分光光度计的测定光路中。再在参比光路中置一按同法制成的空白溴化钾片作为补偿。在波数 400～4000cm^{-1} 绘制红外光吸收图谱。如用傅里叶变换型红外光谱仪时，应累积扫描后绘制图谱，并打印出相应峰值。

（二）标准图谱对比鉴别药物真伪

将绘制的图谱与《药品红外光谱集》第一卷中的标准图谱（图 2-16）对比，其最强吸收峰和较强吸收峰的峰形、峰位、相对强度应一致。从图上标出磺酰基、苯环骨架、芳香伯氨基和磺酰亚氨基的特征峰位。

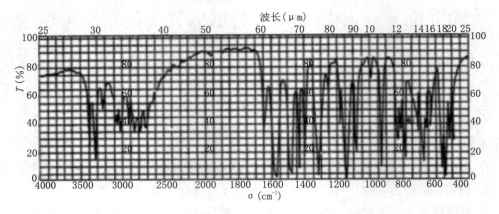

图 2 – 16 磺胺嘧啶的红外图谱

【实训现象、数据处理与结果、小结与评议】

（一）现象

（二）数据处理与结果

（三）小结与评议

 特别提示

1. 对样品的主要要求

（1）样品的纯度需大于98%，以便与纯物质光谱对照。

（2）样品应不含水，若含水（结晶水、游离水）则对羟基峰有干扰。

（3）供试品研磨应适度，常以粒度 2～5μm 为宜。·

（4）压片模具用过后，应及时擦拭干净，保存在干燥器中。

2. 由于各种型号仪器分辨率的差异，不同研磨条件、样品的纯度、吸水情况、晶型变化以及其他外界因素的干扰，会影响光谱形状，比较供试品的光谱与对照品光谱。只要求基本一致，不宜要求完全相同。

3. 样品的制片和光谱的绘制应按《药品红外光谱集》的规定进行。

1. 红外分光光度计和紫外-可见分光光度计在仪器部件和基本构造上有什么不同？
2. 磺胺嘧啶的红外光谱特征吸收峰有哪些？其位置、形状和相对强度如何？
3. 有哪些因素影响红外光谱形状？
4. 傅里叶变换红外光谱仪与色散型红外分光光度计比较，主要有哪些优点？
5. 傅里叶变换红外光谱仪与色散型红外分光光度计比较，结构二主要有哪些差异？

诚实守信的基本要求：

1. 要诚信无欺；2. 要讲究质量；3. 要信守合同。

高职生与诚信道德：

言必行，行必果。知之为知之，不知为不知。以诚信换取诚信，以诚信收获成功；用诚信开启知识之窗，用诚信鼓起上进之帆；我诚信，我光荣；我诚信，我自尊；我诚信，我成功！

检测与评价

一、知识题

（一）填充题

1. 色散型红外光谱仪按测光方式的不同，可以分为_____与_____两类。
2. 色散型红外光谱仪主要由_____、_____、_____、_____和放大器及记录机械装置五个部分组成。
3. 红外光谱仪中常用的检测器有_____、_____、_____等。
4. 在迈克尔逊干涉仪中，核心部分是_____，简称_____。

（二）选择题

1. 下列红外光源中，可用于远红外光区的是
    A. 碘钨灯   B. 高压汞灯   C. 能斯特灯   D. 硅碳棒

2. FT-IR 中的核心部件是
    A. 硅碳棒   B. 迈克尔逊干涉仪   C. DTGS   D. 光楔

（三）问答题

1. 试简要说明经典色散型红外光谱仪的工作原理。

2. 试说明迈克尔逊干涉仪的组成及工作原理。

3. 什么是分束器？其作用如何？

4. 与色散型红外光谱仪相比，FT – IR 有何优点？

5. 用压片法制样时，研磨过程不在红外灯下操作，谱图上会出现什么情况？

二、操作技能考核题

（一）题目

苯甲酸的红外吸收光谱测定（压片法）。

（二）考核要点

1. 压片操作。

2. 仪器的开机和调试。

3. 样品谱图的扫描操作。

4. 工作软件的操作。

5. 仪器的关机操作。

6. 指出样品谱图主要吸收峰的归属。

（三）仪器与试剂

1. 仪器　FTIR – 8400S 型号的红外光谱仪、压片机、模具和样品架、玛瑙研钵、不锈钢药匙、不锈钢镊子、红外灯。

2. 试剂　分析纯的苯甲酸、光谱纯的 KBr 粉末、分析纯的无水乙醇、擦镜纸。

（四）操作步骤

自行设计。

三、技能考核评分表

《仪器分析》操作评分细则

FTIR – 8400S 型红外光谱仪：

要求：1. 会正确使用压片机制备 KBr 片；

　　　2. 能熟练使用红外光谱仪测定光谱。

项目	考核内容	分值	扣分标准	扣分说明	扣分	得分
红外光谱仪的使用（100分）	开机预热	10	进行			
			未进行			
	干燥器的使用	5	规范			
			不规范			
	压片机的使用	10	规范			
			不规范			
	KBr 片的取放	5	正确			
			不正确			

续表

项目	考核内容	分值	扣分标准	扣分说明	扣分	得分
红外光谱仪的使用（100分）	仪器初始化	5	进行			
			未进行			
	仪器参数设置	20	正确			
			不正确			
	背景扫描	10	进行			
			未进行			
	样品扫描	10	规范			
			不规范			
	数据处理	15	规范			
			不规范			
	操作结束仪器、样品复位	10	进行			
			未进行			

原子吸收分光光度法

一、基础知识

原子吸收分光光度法（又称原子吸收光谱法）是指从光源辐射出的具有待测元素特征谱线的光，通过样品的原子蒸气时，被蒸气中待测元素的基态原子吸收，依光波被吸收前后强度的变化，对欲测组分中该元素的含量进行定量的方法。

用于测量和记录待测物质原子蒸气对待测元素特征谱线吸收及光谱，并进行定性定量以及结构分析的仪器，称为原子吸收光谱仪或原子吸收分光光度计。

二、仪器结构

目前，原子吸收分光光度计的型号较多，其组成相同，如图 3−1 和图 3−2。

图 3−1　常用原子吸收分光光度计　　　　图 3−2　AA320 型原子吸收分光光度计

（一）类型

1. 单光束原子吸收分光光度计　光源辐射不稳定引起基线漂移，仪器需预热。

2. 双光束原子吸收分光光度计　一束光通过火焰照样品，另一束光照参比，不通过火焰直接经单色器投射到光电元件上。可克服光源的任何漂移及检测器灵敏度的变动。

但它们的基本结构都相似，都由光源、原子化器、检测器、记录仪和数据处理系统等部件组成，其组成框图如图 3−3，原理图如图 3−4，流程图见图 3−5。

$$\boxed{光源}—\boxed{原子化器}—\boxed{分光系统}—\boxed{检测系统}—\boxed{记录与数据处理系统}$$

图 3−3　原子吸收分光光度计组成部件框图

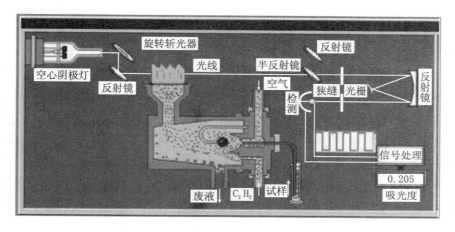

图 3 – 4   双光束原子吸收分光光度计原理图

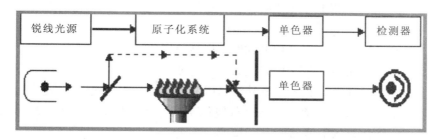

图 3 – 5   原子吸收分光光度计流程图

（二）主要部件

主要包括：锐线光源、原子化器、单色器、检测系统。

1. 锐线光源

（1）作用   是发射待测元素的特征谱线。

（2）要求   发射辐射波长的半宽度要明显小于吸收线的半宽度，辐射强度大，稳定且背景信号小。

（3）常用空心阴极灯。

2. 原子化器

（1）作用   将试样中的待测元素转变成原子蒸气。

（2）类别   主要有火焰原子化器和无火焰原子化器两类。

（3）火焰原子化器   包括雾化器、雾化室、燃烧器。优点是操作简单，火焰稳定，重现性好；缺点是原子化效率低。

（4）石墨炉原子化   在石墨管中原子化。优点是试样用量少，原子化效率几乎达100%；缺点是测定重现性差，操作复杂。

（5）低温原子化法（化学原子化法）   常用的有汞低温原子化法和氢化物法。

3. 单色器

（1）作用   将所需的共振吸收线与邻近干扰线分离。

（2）衍射光栅是常用的分光元件。

4. 检测系统

（1）作用　将单色器分出的光信号进行光电转换。

（2）常用光电倍增管。

三、仪器操作规范

（一）测定条件的选择

1. 试样取量及处理

（1）根据待测元素的性质、含量、分析方法及要求的精度确定。

（2）在火焰原子化法中，在保持燃气和助燃气一定比例的总气体流量的条件下，通过实验测定吸光度值与进样量的变化，达到最大吸光度的试样喷雾量，就是应当选取的试样量。

（3）防止试样的污染。

2. 分析线　通常选择共振吸收线作为分析线。

3. 狭缝宽度

（1）较宽的狭缝，有利于增加灵敏度，提高信噪比。

（2）谱线简单的元素：可选用较大的狭缝宽度。

（3）多谱线的元素：选择较小的狭缝，以减少干扰，改善线性范围。

4. 空心阴极灯的工作电流　在保证放电稳定和足够光强的条件下，尽量选用低的工作电流。通常选用最大电流的 $1/2 \sim 2/3$ 为工作电流。

（二）干扰及其抑制

1. 电离干扰　某些易电离元素（电离电位 $\leqslant 6\mathrm{eV}$）在原子化条件下电离，致使基态原子数减少，测定结果偏低。消除：加入消电离剂，如测定 Ca 时加入 KCl。

2. 物理干扰　试样的物理性质（如表面张力、黏度、相对密度、温度等）变化引起吸光度下降的干扰效应，导致测定误差。标准加入法是常用的消除办法。

3. 光学干扰

（1）光谱线干扰　试样中共存元素的吸收线与被测元素的分析线相近产生干扰。

消除方法为：另选波长或化学方法分离干扰元素。例：测定 Fe 271.903nm 时，Pt 271.904nm 有重叠干扰，可先选 Fe 248.33nm 为分析线。

（2）非吸收线干扰　原子化过程中生成的气体分子、氧化物、盐类等对共振线的吸收及微小固体颗粒使光产生散射而引起的干扰。消除方法为邻近非共振线校正、连续光源背景校正、塞曼（zeeman）效应法。

4. 化学干扰　被测元素与其他共存组分之间发生化学反应而生成难挥发或难离解的化合物而产生的干扰。消除方法为加入释放剂、加保护剂、适当提高火焰温度。

（三）灵敏度和检出限

1. 灵敏度

（1）定义　能产生 1% 吸收（或吸光度为 0.0044）信号时，所对应的被测元素的浓度或被测元素的质量。

（2）表示方法

$$特征浓度（火焰原子法）: S_c = \frac{0.0044 \times c_x}{A} \ （\mu g/ml）$$

$$特征质量（石墨炉原子法）: S_m = \frac{0.0044 \times m_x}{A} = \frac{0.0044 c_x V}{A} \ （g/\mu g）$$

式中，c_x 为待测元素 x 的浓度；A 为多次测得吸光度的平均值；m_x 为待测元素 x 的质量。

2. 检出限

（1）定义 在给定的分析条件和某一置信度下可被检出的最小浓度或最小量。

（2）表示方法 以给出信号为空白溶液信号的标准偏差（σ）的 3 倍时所对应的待测元素的浓度或质量来表示。

$$计算公式: D_c = \frac{c_x 3\sigma}{A} \ （\mu g/ml）（火焰原子法）$$

$$D_m = \frac{m_x 3\sigma}{A} = \frac{c_x V 3\sigma}{A} \ （g \ 或 \ \mu g）（石墨炉原子法）$$

式中，c_x、m_x、V 与灵敏度中含义相同；A 为 c_x 浓度溶液或含待测元素质量为 m_x 溶液的吸光度的平均值；σ 为空白值至少 10 次连续测量的标准偏差。

附一：3510 原子吸收分光光度计操作规程

1. 供试品测定用溶液的配制

（1）含量测定或检查时取规定量的供试品、对照品 2 份。

（2）将供试品、对照品按照规定配制成测定用溶液，并配制空白溶液。

2. 开机

（1）打开主机电源，预热 30min。

（3）安装空心阴极灯，通过主机键盘输入工作灯电流，预热 15min。

3. 测试条件选择

（1）打开计算机，然后打开工作站。

（2）选择测定元素。

（3）输入一定负高压后，调整灯位，对光路并调节燃烧器高度。

（4）选择测定波长和调节能量值。

（5）输入积分时间和测定次数。

4. 样品测试（火焰法）

（1）打开空气压缩机。

（2）调节乙炔流量。

（3）按点火按钮点火。

（4）燃烧 3min 后吸喷去离子水，燃烧状态稳定后按增益键调零。

（5）测试空白溶液、标准溶液和样品溶液。

5. 记录与计算

（1）记录供试品、对照品的有关信息。

（2）记录测定时的波长等条件。

（3）记录测定结果。

6. 结果与评定

（1）结果计算　结果按"有效数字和数值的修约及其运算"修约，使其与药典标准中规定限度的有效位数相一致。

（2）计算测定结果的精密度　应符合药典规定。否则，应重新测定。

（3）结论　将测定结果与药典规定值进行对照比较，得出测定结论。

7. 结束

（1）将测定用溶液按规定处理。

（2）测试完毕，吸喷1%硝酸溶液5～10min，然后吸喷去离子水15min。

（3）关闭燃气，排去空气压缩机内的水分，关空气压缩机，排去管路中的乙炔和空气。

（4）退出工作站，关灯和主机，切断电源。

（5）关闭排气扇，清理废液罐。

（6）待燃烧器冷却后，卸下燃烧器，用自来水从颈部冲洗燃烧器内部，然后用去离子水冲洗，最后用干毛巾和滤纸擦干。

（7）清洁燃烧室、实验桌，并填写仪器使用记录。

附二：3200 型原子吸收分光光度计的操作规程

3200型原子吸收分光光度计是双光束仪器，具有火焰原子化器和石墨炉原子化器两种功能。

1. 火焰原子化器操作

（1）检查仪器部件和气路是否连接正确，气密性是否良好，将仪器面板上所有开关置"关断"位置，仪器面板上各调节器均处于最小位置。

（2）根据待分析元素选择、安装空心阴极灯。

（3）按下主机电源开关、灯电源开关，选择合适的灯电流，点燃空心阴极灯，预热30min，使灯的发射强度达到稳定。

（4）把波长显示调到待测元素分析线处。

（5）进行光源对光、燃烧器对光并调节燃烧器位置。

（6）按下"自动增益"开关及"调零"开关，使数字显示为零或将记录仪"零旋钮"调到适当位置，使仪器和记录仪可正常工作。

（7）打开通风机电源开关，通风10min后，接通气路控制板上的气源开关。先开空气，后开乙炔气，按下点火开关，点燃火焰。

（8）调节空气及乙炔的压力、流量，使火焰处于正常状态。

（9）吸喷蒸馏水，调零；吸喷已处理好的试样溶液，测定其吸光度。

（10）测试完毕，吸喷蒸馏水5min清洗。先关乙炔气，后关空气，熄灭火焰。关电源开关，将各开关旋钮置初始位置。

2. 石墨炉原子化器操作

（1）点燃空心阴极灯，将波长显示调到待测元素分析线处。

（2）检查整机各电、气、水线路连接；打开主机电源和记录仪电源开关。开启冷却水和保护气体开关，调节水压约为0.148MPa，气体压力约为0.49MPa，内管氩气流量为250ml/min，外管流量为150ml/min。

（3）按下"干燥"、"灰化"、"原子化"手动按钮，调节相应的温度旋钮，预选干燥、灰化、原子化的温度。

（4）扳动干燥、灰化、原子化的时间开关，预选干燥、灰化、原子化时间。

（5）扳动干燥、灰化、原子化的斜率开关，预选干燥、灰化、原子化的升温斜率。

注意：（3）、（4）、（5）的条件设置值，通常是由实验得出的最佳值。调好各条件后，预热20～30min，即可测量。

（6）用微量注射器吸取试液快速注入石墨管中间孔，并按下墨炉"启动"按钮，放下记录笔，记录测定结果。

（7）测试完毕，关氩气钢瓶和管内、外流量计旋钮、电源开关及冷却水。

（8）反向旋转"增益"旋钮，降低灯电流至零，关闭"增益"及灯电流开关和主机总电源开关，结束实验。

注意：在原子化过程中，需要程序停止进行时，可按"止动"开关，石墨炉即停止工作；原子化时通常不通氩气，以延长气态原子在光路中停留时间，提高测定灵敏度。完成一次测量，石墨管需要冷却10～15s，当加样"准备"灯亮时，才可注入新的试样。

1. 乙炔为易燃易爆气体，气源附近严禁明火或过热高温物体存在，每次开机前对乙炔进行检漏，检查所有的调压器、管道和钢瓶接头是否漏气。

2. 开机后不能用手转动灯架，更换空心阴极灯时，要将灯电流关掉，以防触电和造成灯电源短路。

3. 点火前注意：①应确保废液管水封良好，防止回火爆炸及燃气泄露。②应先打开仪器罩，开启仪器上方抽气设备，抽吸仪器内外气体20min左右，以防止燃气管道系统泄漏的积存燃气点火时被引燃爆炸，损伤仪器。

4. 点火时，先开空气，后开乙炔；熄火时，先关乙炔，后关空气。实验时，要打开通风设备，使金属蒸气及时排出室外；定时对气水分离器中的水进行放水。

5. 测量结束后，用去离子水喷雾清洗原子化器5～10min，空烧3～5min。

6. 注意经常清洗雾化器，以防止被样品中的颗粒物堵塞。清洗方法：卸下雾化器，以无水乙醇为溶剂清洗，置超声清洗中清洗效果更佳。

技能训练一 原子吸收分光光度计的性能检定

【预习思考】

1. 熟悉原子吸收分光光度计的使用方法。
2. 熟悉原子吸收分光光度计的性能要求和检查方法。

【实训目标】

1. 知识目标 仪器基本结构、原理。

2. 职业关键能力 原子吸收分光光度计的性能要求和检查方法及使用。

3. 素质目标 让学生明白在未来职业活动中奉献社会及其意义。

【实训用品】

1. 仪器 原子吸收分光光度计，石英汞灯、锰、铜、砷、铯空心阴极灯，乙炔钢瓶，空气压缩机。

2. 试剂 0.05 mol/L HNO_3，铜标准溶液（0.05、1.00、3.00 μg/ml）。

【实训方案】

（一）实训形式

试液配制、仪器洗涤、仪器使用、实训记录等，分成4人一组，进行合理分工。

（二）实训过程

$$\boxed{溶液配制} \to \boxed{性能鉴定} \to \boxed{记录与计算} \to \boxed{数据处理} \to \boxed{结果与判定}$$

（三）实训前准备

1. 试剂准备

（1）空白溶液 0.05mol/L HNO_3。

（2）铜标准溶液 0.05、1.00、3.00 μg/ml。

2. 仪器准备 检查仪器，开机预热，做好实训前准备。

【实训操作】

（一）波长准确度与重复性

根据中华人民共和国国家计量检定规程 JJG694－90 的规定，双光束原子吸收分光光度计的波长示值误差应不大于±0.5nm，波长重复性优于0.3nm。

波长准确度与重复性检定方法：按空心阴极灯上规定的工作电流，将汞灯点亮稳定后，在光谱带宽 0.2nm 条件下，从汞、氖谱线 235.7、365.0、435.8、546.1、640.2、724.5 和 871.6nm 中按均匀分布原则，选取 3～5 条逐一作 3 次单向（从短波长向长波长方向）测量最大能量波长示值，计算谱线波长测量值与标准值的平均误差。波长重复性为 3 次测定中最大值与最小值之差。

（二）分辨率

仪器光谱带宽为 0.2nm 时，应可分辨锰 279.5nm 和 279.8nm 的双线。

分辨率检定方法 将锰灯点亮，稳定后在光谱带宽为 0.2nm 时调节光电倍增管的高压，使 279.5nm 谱线能量读数为 100。扫描测量锰双线，应能分辨出 279.5nm 和

279.8nm 两条谱线，且两线间峰谷能量应不超过40%。

（三）基线稳定性

火焰原子化法测定 30min 内静态基线和点火基线的稳定度，应不大于表 3 - 1 的指标。

表 3 - 1　火焰原子化法静态基线和点火基线的稳定度

项　　目		使用中仪器（吸光度）
静态基线	最大零漂	±0.006
	最大瞬时噪声（峰峰值）	0.006
点火基线	最大零漂	±0.008
	最大瞬时噪声（峰峰值）	0.08

基线稳定性检定法如下。

1. 静态基线稳定性的测定　光谱带宽 0.2nm、量程扩展 10 倍、点亮铜灯，原子化器未工作状态下测定。单光束仪器与铜灯同时预热30min，用"瞬时"测量方法，或时间常数不大于 0.5s，测定 324.7nm 谱线的稳定性。双光束仪器预热 30min、铜灯预热 3min 后，按上述相同条件测定。

2. 点火基线稳定性的测定　按测铜的最佳条件，用乙炔空气火焰，吸喷去离子水 10min 后，在吸喷状况下重复（静态基线稳定性的测定）的测量。

（四）边缘波长能量

带宽为 0.2nm，响应时间不大于 1.5s 条件下，对砷 193.7nm 和铯 852.1nm 谱线进行测量，谱线的峰值应能调到 100%，背景值峰值应不大于2%。5min 内谱线的最大瞬时噪声（峰－峰值）应不大于 0.03A。谱线能量为 100% 时，光电倍增管的高压应不超过最大高压值的 85%。

（五）火焰法测定铜的检出限 ［CL（n = 3）］和精密度（RSD）

使用中的仪器应分别不大于 0.02μg/ml 和 1.5%。

1. 检出限的检定　仪器参数调至最佳工作状态，用空白溶液 0.05mol/L HNO$_3$ 调零，分别对铜标准溶液（0.05、1.00、3.00μg/ml）各进行 3 次重复测定，取 3 次测定平均值，按线性回归法求出工作曲线的斜率，即为仪器测定铜的灵敏度（S）。

$$S = dA/dc\ [A/(\mu g/ml)]$$

在上述条件下，扩展标尺 10 倍，对空白溶液（或浓度 倍于检出限的溶液）进行 11 次吸光度测量，并求出其标准偏差（S$_A$），计算铜的检出限如下：

$$CL（n = 3）= 3S_A/S（\mu g/ml）$$

2. 精密度的检定　在检出限的检定 测定中选择标准溶液之一，其吸光度在 0.1 ~ 0.3 范围进行 7 次测定，求出相对标准偏差（RSD），即为仪器测铜的精密度。

【实训现象、数据处理与结果、小结与评议】

（一）现象

（二）数据处理与结果

1. 波长准确度重复性

准确度 Δλ = 3 次测量平均值 − 参考波长值；

波长重复性 = 3 次测定中最大值 − 最小值之差。

2. 分辨率

3. 基线稳定性

表 3 − 2　火焰原子化法静态基线和点火基线的稳定性

	项　　目	使用中仪器（吸光度）
静态基线	最大零漂	
	最大瞬时噪声（峰值）	
点火基线	最大零漂	
	最大瞬时噪声（峰值）	

4. 边缘波长能量

5. 检出限〔CL（$n=3$）〕和精密度（RSD）

CL（$n=3$）＝ $3S_A/S$（μg/ml）

精密度（RSD）＝

（三）小结与评议

课外延伸

1. 原子吸收分光光度计性能检查有哪些？应如何检查？
2. 作为高职生谈一谈奉献社会的意义？

一、奉献社会

是指职业者在职业活动中，不期望等价回报，自觉自愿为人为社会做出贡献的高尚的职业精神和职业行为。

二、奉献社会的意义

奉献社会是医药职业者职业道德的最高境界，是医药职业道德的最终升华。它既是医药职业道德的出发点，又是医药职业道德的最终归宿。奉献社会至始至终体现在爱岗敬业、诚实守信、办事公道和服务群众的各种要求。

技能训练二　复方乳酸钠葡萄糖注射液中氯化钾的含量测定

【预习思考】

1. 掌握原子吸收分光光度法原理及仪器使用方法。

2. 熟悉原子吸收分光光度法测定药品中金属元素及其化合物含量的原理和方法。

【实训目标】

1. 知识目标　原子吸收分光光度法测定药品中金属元素及其化合物含量的原理和方法。

2. 职业关键能力　原子吸收分光光度计结构及使用。

3. 素质目标　让学生理解奉献社会的基本要求正确处理奉献与索取的关系。

【实训用品】

1. 仪器　原子吸收分光光度计、电子天平、容量瓶（100ml）。

2. 试剂　氯化钾对照品、复方乳酸钠葡萄糖注射液、乳酸钠、氯化钠、氯化钙、无水葡萄糖、去离子水。

【实训方案】

（一）实训形式

试液配制、仪器洗涤、仪器使用、实训记录等，分成 4 人一组，进行合理分工。

（二）实训过程

配制溶液 / 仪器的鉴定 } → 测定条件选择 → 测定 → 记录与计算 → 数据处理 → 结果与判定

（三）实训前准备

1. 试剂准备

（1）对照品溶液的制备　取经 130℃ 干燥 2h 的氯化钾，精密称定，加去离子水制成每 1ml 中含氯化钾 15μg 的溶液，即得。

（2）标准系列制备　精密量取对照品溶液 19.0、19.5、20.0、20.5、21.0、21.5 与 22.0ml，分别置 100ml 容量瓶中，各精密加下述溶液 [取乳酸钠 0.31g、氯化钠 0.60g、氯化钙（$CaCl_2 \cdot H_2O$）0.20g 及无水葡萄糖 5.00g，置 100ml 容量瓶中，加水溶解并稀释至刻度，摇匀]。同时配制空白溶液。

（3）供试品试液的制备　精密量取本品 1ml，置 100ml 容量瓶中，加水稀释至刻度，摇匀，即得。

2. 仪器准备　检查仪器，开主机电源机预热 30min，安装空心阴极灯，通过主机键盘输入工作电流，预热 15min。

【实训操作】

（一）测定条件选择

1. 打开计算机，然后打开工作站。

2. 选择测定元素。

3. 输入一定负高压后，调整灯位，对光路并调节燃烧器高度。

4. 选择测定波长和条件能量值。

5. 输入积分时间和测定次数。

（二）样品测定

1. 打开空气压缩机。

2. 调节乙炔流量。

3. 点火

4. 燃烧 3min 后喷去离子水，燃烧稳定后按增益键调零。

5. 取上述各溶液及供试品溶液，照原子吸收分光光度法，在 767nm 的波长处测定，计算即得。

【实训现象、数据处理与结果、小结与评议】

（一）现象

（二）数据处理与结果

对照品溶液中 KCl 的含量（μg/ml）	2.85	2.92	3.00	3.08	3.15	3.22	3.30
767nm 处的吸光度							

以浓度为横坐标，以吸光度为纵坐标绘制标准曲线。根据供试品溶液的吸光度从标准曲线上查出相应的浓度。

$$KCl, \% \frac{c_{供试品}（μg/ml）\times 100 \times 1000（ml）}{10^6 \times 0.30（g）\times 0.5245} \times 100\%$$

式中：100为稀释倍数；0.5245为K/KCl的换算因素。

（三）小结与评议

为保证一定的准确度，采用标准曲线法时要注意以下方面。

1. 标准溶液的浓度范围，应使吸光度同浓度之间保持直线关系。一般应使吸光度在0.05~0.70之间为宜，以保证足够的读数准确度。

2. 用含有与试样相似组分，而不含待测元素的空白溶液，预先测量吸光度，再从试样中吸光度中扣除。或将空白溶液用于仪器调零，以扣除本底空白。

3. 光源、喷雾、火焰、单色器通带、波长、检测器等仪器的操作条件在整个分析过程中保持恒定。

1. 原子吸收分光光度法具有哪些优点？

2. 原子吸收分光光度法和紫外－可见吸收光度法在原理上的根本区别是什么？

3. 紫外－可见分光光度计的分光系统放在吸收池的前面，而原子吸收分光光度计的分光系统放在原子化系统的后面，为什么？

4. 原子吸收分光光度法受到哪些因素的影响？

一、奉献社会的基本要求

1. 培养奉献意识。

2. 处理好人与我、苦与乐、义与利的关系。

3. 在日常职业活动中体现奉献。

4. 在关键时刻敢于奉献。

二、正确处理奉献于索取的关系

"春蚕到死丝方尽，蜡炬成灰泪始干"、"横眉冷对千夫指，俯首甘为孺子牛"、"捧着一颗心来，不带半根草去"古往今来，多少诗句形容奉献精神，又有多少人用自己的行动去诠释奉献精神？

检测与评价

一、知识题

（一）填充题

1. 原子吸收分光光度计主要由 _____、_____、_____、_____ 和 _____ 等部分组成。

2. 原子吸收分光光度计中常用的光源有 _____ 和 _____。

3. 火焰原子化器由 _____ 和 _____ 等部分组成。

（二）问答题

1. 吸收分光光度计有哪几种类型？它们各有什么特点？

2. 如何选择最佳实验条件？

二、操作技能考核题

（一）题目

工作曲线法测定自来水中的镁。

（二）考核要点

1. 吸收分光光度计开机、关机操作。

2. 气源、气路等的使用。

3. 空心阴极灯的选择、安装和使用。

4. 吸光度测定的条件选择和调试。

5. 吸收光谱分析数据的处理。

6. 安全文明操作。

（三）仪器与试剂

1. 仪器 原子吸收分光光度计、乙炔钢瓶、空气压缩机、镁空心阴极灯、100ml 容量瓶数个、10ml 吸量管数支。

2. 试剂 $\rho_{Mg} = 0.1000mg/ml$ 镁标准溶液、自来水样品。

（四）实验步骤

1. 配制 $\rho_{Mg} = 0.00500mg/ml$ 的镁标准溶液 100ml。

2. 配制镁系列标准溶液。用 10ml 吸量管分别吸取 $\rho_{Mg} = 0.00500mg/ml$ 标准溶液 2.00ml、4.00ml、6.00ml、8.00ml、10.00ml 于 5 个 100ml 容量瓶中，用蒸馏水稀释至标线，摇匀。

3. 制备水样。用 10ml 移液管移取水样 10ml 于 100ml 容量瓶中，用蒸馏水稀释至标线，摇匀。

4. 开机并调试仪器。初步固定镁的工作条件为：吸收线波长为 285.2nm；空心阴极灯灯电流为 8mA；狭缝宽度为 "2" 档；乙炔流量为 0.8L/min。

5. 选择最佳工作条件，包括空心阴极灯工作电流、燃助比和燃烧器高度。

6. 测定系列标准溶液吸光度，绘制出工作曲线。

7. 测定水样吸光度，根据试样吸光度从标准曲线上查出镁的浓度，计算水样中镁含量（以 mg/L 表示）。

三、技能考核评分表

《仪器分析》操作评分细则

项目	考核内容	分值	操作要求	得分标准	扣分说明	扣分	得分
（一） 仪器 准备 （5分）	玻璃仪器洗涤效果	1	不挂水珠	1			
	吸收池的洗涤	2	正确	2			
	仪器自检、预热	2	正确	2			
（二） 溶液 制备 （8分）	吸管的润洗	1	正确	1			
	管尖的擦拭	1	正确	1			
	吸管吸液操作	1	正确	1			
	吸管液面调节	1	正确、准确、无重复	1			
	吸管放液操作	1	正确	1			
	容量瓶溶液稀释方法	1	正确	1			
	定容准确	1	准确	1			
	摇匀方法	1	正确	1			
（三） 开机 操作 （8分）	检查气路是否连接	1	正确	1			
	所有开关置"关"位置	1	规范	1			
	空心阴极灯的选择、安装	1	正确	1			
	开启总电源、灯电源开关	1	正确	1			
	调节灯电流、预热	1	正确	1			
	调节波长、调节增益、	1	正确	1			
	调灯的位置进行光源对光	1	正确	1			
	调节燃烧器的位置， 进行燃烧器对光	1	正确	1			

项目	考核内容	分值	操作要求	得分标准	扣分说明	扣分	得分
（四） 点火 操作 （7分）	检查100mm燃烧器和废液排放管安装正确否	1	正确	1			
	调节空压机输出压力0.3MPa	1	正确	1			
	开气路和助燃气开关	1	正确	1			
	调助燃气旋钮使空气流量为5.5L/min	1	正确	1			
	调乙炔总阀压力0.05MPa，打开仪器上乙炔开关调合适流量1.5L/min	1	正确	1			
	点火（按钮时间小于4s）	1	正确	1			
	调乙炔气旋钮使乙炔流量为0.6~0.8L/min	1	正确	1			
（五） 选择 最佳 工作 条件 （5分）	方式开关置吸光度	1	正确	1			
	灯电流选择	1	正确	1			
	燃助比选择	1	准确	1			
	燃烧器高度选择	1	准确	1			
	吸喷溶液，待能量表稳定后按读数键	1	正确	1			
（六） 测量 操作 （4分）	吸喷去离子水调零	1	正确、熟练	1			
	测量顺序（由稀至浓）	2	正确、有序	2			
	稳定后读数	1	正确	1			
（七） 关机 操作 （5分）	吸喷去离子水5min	1	正确	1			
	关闭气路顺序（先乙炔后空气压缩机）	1	正确	1			
	关闭各气路开关顺序	1	正确	1			
	关闭等电源、总电源开关	1	正确、熟练	1			
	10min后关闭排风机开关	1	正确	1			
（八） 文明 操作 （4分）	实验过程台面	1	整洁有序	1			
	废液废纸	1	按规定处理	1			
	试验后试剂、仪器回原处	2	规范	2			
（九） 数据 处理	工作曲线绘制方法	5	正确	5			
	工作曲线线性	5	正确	5			
	图上注明项目	5	正确	5			

续表

项目	考核内容	分值	操作要求	得分标准	扣分说明	扣分	得分
（十）记录和报告	原始记录	5	及时合理	5			
	计算公式	5	正确	5			
	计算结果	5	正确	5			
（十一）结果评价	结果准确度	24	≤1%	0			
			1%～2%（含2%）	6			
			2%～3%（含3%）	12			
			3%～4%（含4%）	18			
			4%～5%（含5%）	24			

电化学分析法

一、基础知识

电化学分析法是依据电化学原理和物质的电化学性质而建立起来的一类分析方法。分类如下。

电解分析法：库仑法、库伦滴定法、电重量法。

电位分析法：直接电位法、电位滴定法。

电导分析法：直接电导法、电导滴定法。

伏安法：溶出伏安法、极谱法、电流滴定法（永停滴定法）。

化学电池是一种电化学反应器，由两个电极插入适当的电解质溶液中组成，化学电池分为原电池和电解池两类，见图4-1。原电池与电解池区别见表4-1。

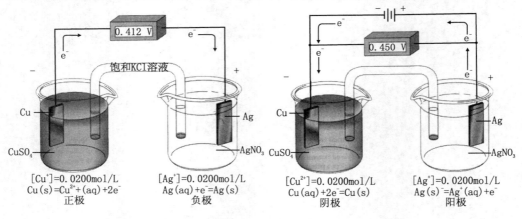

图4-1　原电池和电解池

表4-1　原电池和电解池的区别

	原电池	电解池
定义	化学能转变为电能的装置	电能转变为化学能的装置
条件	电极反应可以自发进行	电极反应在外电流作用下被迫进行
电极组成	负极→发生氧化反应 正极→发生还原反应	阴极→发生还原反应 阳极→发生氧化反应
电池反应	$Zn + Cu^{2+} = Zn^{2+} + Cu$	$Zn^{2+} + Cu = Zn + Cu^{2+}$
电池符号	$Zn \mid ZnSO_4$（1mol/L）‖ $CuSO_4$（1mol/L）$\mid Cu$	$Cu \mid CuSO_4$（1mol/L）‖ $ZnSO_4$（1mol/L）$\mid Zn$

（一）电位分析法

是通过测量原电池的电动势来进行被测组分含量分析的电化学分析法。常分为直接电位法和电位滴定法。其分类见表 4 - 2。

表 4 - 2 电位分析法分类

方法名称	分析原理	药检应用
直接电位法	测量原电池电动势，直接计算被测离子浓度	酸度检查
电位滴定法	测定滴定过程中原电池电动势的变化情况，确定滴定终点	含量测定

1. 电位分析依据

（1）对于某氧化还原电对（OX/Red）组成的电极电位（E）和物质浓度的关系遵循能斯特（Nernst）方程式：

$$E_{OX/Red} = E_{OX/Red}^{\ominus} + \frac{RT}{nF} \ln \frac{[OX]}{[Red]}$$

式中，E 为电极电位；$E^{\ominus}$ 为标准电极电位；R 为气体常数 [8.31J/（mol·℃）]；T 为热力学温度（K）；F 为法拉第常数（96486C/mol）；n 为电极反应中转移的电子数。

在 25℃时，把各常数代入，将自然对数转换成常用对数，则上式可写成：

$$E_{OX/Red} = E_{OX/Red}^{\ominus} + \frac{0.059}{n} \lg \frac{[OX]}{[Red]}$$

（2）由能斯特方程可知，从理论上讲，通过测量电极电位 E，可以根据能斯特方程式求出相应的氧化态或还原态离子的浓度。但实际上单个电极的电位无法测定，因此须再选择一个电位恒定不变的电极与之组成原电池，由于此原电池的电动势与被测离子浓度的关系同样符合能斯特方程，故可根据测定的原电池电动势进行分析。

2. 方法要求

（1）被测组分溶液能够与相应的电极组成原电池，表现出一定的电动势。

（2）原电池的电动势与被测组分的浓度之间的关系符合 Nernst 方程式。

（3）原电池的电动势可以准确测量。

3. 电位分析法应用

（1）直接电位法溶液 pH 的测定　测量原电池电动势，直接计算被测离子浓度。应用于药品溶液酸度检查。仪器为酸度计。

1）直接电位法依据（工作电池）

参比电极：饱和甘汞电极（SEC）或银 - 氯化银电极。

指示电极：pH 玻璃电极（GSE）。

2）电极表示　　（-）pH 玻璃电极 | 待测溶液 ‖ 饱和甘汞电极（+）

3）电池电动势　$E = K' + \dfrac{2.303RT}{F} pH$

4）测定方法　两次测量法。

5）计算公式　$pH_X = pH_S + \dfrac{E_X - E_S}{0.059}$（25℃，实用公式）

6）注意事项

①pH 玻璃电极适用范围为 pH 1 ~ 9，pH >9 者应使用锂玻璃电极。

②pH 玻璃电极使用前需在蒸馏水中浸泡24h 以上。

不对称电位指膜电极两侧溶液离子强度相同（如 pH 相等）时，膜电位应等于零，但实际的膜电位并不为零的这一电位。消除方法："两次测量法"，玻璃电极在水中长时间（24h）浸泡后该电位恒定。

③pH 玻璃电极的玻璃膜易损坏，不宜测定 F⁻ 含量高的溶液。

④pH_S 应尽量与待测溶液的 pH_x 值接近，一般相差不超过 3 个 pH 单位。

⑤标准缓冲溶液与待测溶液的温度必须相同并尽量保持恒定。

⑥标准缓冲溶液的配制、使用、保存应严格按规定进行。

（2）电位滴定法　根据滴定过程中指示电极电极电位的突越来确定滴定终点的一种电化学分析法。应用于药物含量检测。仪器为电位滴定仪。

1）电位滴定法依据　滴定时，将指示电极和参比电极插入供试品溶液中组成原电池。随着滴定的进行，供试品溶液中被测离子的浓度不断变化，并在化学计量点附近产生滴定突跃。原电池的电动势也相应地不断变化，并在化学计量点附近发生突变。因此，测量电极原电池电动上的变化就能确定滴定终点。

2）方法要求

①滴定初期，滴定速度可适当快些；滴定终点附近，应放慢速度；终点过后又可适当加快速度。

②数据记录预处理及时记录滴定液体积和相应的电动势变化数据。

3）滴定终点的确定方法

①图解法

$E - V$ 曲线法：如图 4 - 2 所示。曲线的转折点（拐点）。

$\Delta E/\Delta V - \bar{V}$ 曲线法（一级微商法）：如图 4 - 3 所示。峰状曲线的极大点。

$\Delta^2 E/\Delta V^2 - V$ 曲线法：如图 4 - 4 所示 $\Delta^2 E/\Delta V^2 = 0$ 的点（二阶导为零的点）如图 4 - 4 所示。

②二阶导数线性插入法（线性插值法）　$\Delta^2 E/\Delta V^2$ 值由下式计算：

$$V_{SP} = V_{上} + \left[\frac{E_{上}}{E_{上} - E_{下}} \times （V_{下} - V_{上}） \right]$$

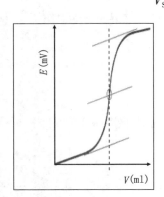

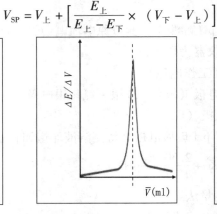

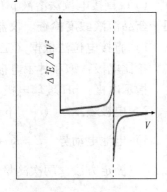

图 4 - 2　$E - V$ 曲线　　　图 4 - 3　$\Delta E/\Delta V - \bar{V}$曲线　　　图 4 - 4　$\Delta^2 E/\Delta V^2 - V$ 曲线

（二）永停滴定法

永停滴定法又称双安培滴定法或双电流滴定法，是根据滴定过程中两个相同的铂电极插入滴定溶液中，在两电极间外加一小电压，并联一只电流计，观察滴定过程中两个电极间电流的变化确定滴定终点的方法，属于电流滴定法。常用于氧化还原滴定法。仪器为永停滴定仪。

1. 永停滴定法依据（电流产生的条件及大小）

（1）条件　两个电极上同时发生反应（电解池：阴极还原，阳极氧化）。

（2）大小　$c_{还原态} = c_{氧化态} \rightarrow$ 电流（I）最大；$c_{还原态} \neq c_{氧化态}$，I 取决于 c 的大小（$c_{还原态}$ 或 $c_{氧化态}$）。

2. 滴定终点确定　根据滴定剂和被滴溶液所采用电对的可逆性，观察滴定过程中电流指针的变化来判断滴定终点（即指针突变点）。必要时也可以记录加入标准溶液的体积（V）和相应的电流（I），绘制 $I-V$ 滴定曲线来确定滴定终点。

（1）不可逆电对滴定可逆电对　滴定终点：电流指针突然回至零点附近并不在变动，如图 4-5 所示。

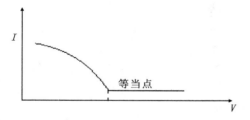

图 4-5　硫代硫酸钠滴定碘的滴定曲线　　　图 4-6　碘滴定硫代硫酸钠的滴定曲线

（2）可逆电对滴定不可逆电对　滴定终点：电流指针明显偏转并不再回至零位，如图 4-6 所示。

（3）可逆电对滴定可逆电对　滴定终点：电流由小变大后降至最低点，随后又逐渐变大，此时的最低点，如图 4-7 所示。

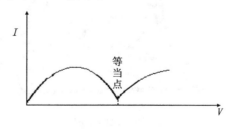

4-7　Ce^{4+} 离子滴定 Fe^{2+} 离子的滴定曲线

二、仪器结构

（一）酸度计

酸度计是一种专为使用玻璃电极测量溶液 pH 而设计的电子电位计，可以测量电动势，也可以将电动势直接转换为 pH。如图 4-8 所示。

酸度计主要包括电极和主机（电位计）两个部分。主机部分主要包括功能选择旋钮、量程选择钮、定位旋钮、斜率旋钮、温度补偿旋钮、显示装置等。

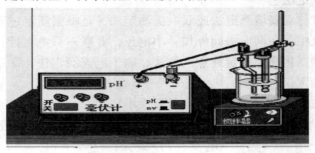

图 4-8　酸度计

（二）电位滴定仪

电位滴定仪是用来测量、记录、显示电极电位突变的仪器，如图4-9所示。

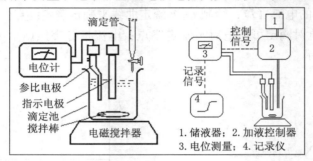

图 4-9　电位滴定仪示意

（三）永停滴定仪

永停滴定仪用来测量、显示滴定过程溶液电流变化的仪器，如图 4-10 所示。
永停滴定仪由干电池、固定电阻，绕线电位器、电流计等组成。

图 4-10　永停滴定仪

三、仪器操作规范

一、梅特勒酸度计安装与使用方法

（一）电极支架安装

电极支架安装见图 4-11。

图 4 - 11　电极支架安装示意图

1. 打开仪表上盖的支架杆插孔盖子，并存放在合适的地方。

2. 稍用力将支架杆有凹槽一端插入安装孔，并使其牢固的安装于仪表。

3. 取出电极支架，压下紧固按钮不要松开。将电极支架套在已安装好的支架杆上，调整到合适的高度，松开紧固按钮，电极支架安装完毕。

（二）仪器的使用

1. 校准设置　短按设置键，当前 MTC 温度值闪烁，按读数键确定。当前预置缓冲液组闪烁，使用上下键来选择其他缓冲液组，按读数键确认选择。

2. 一点校准　将电极放入缓冲液中，并按校准键开始校准，校准和测量图标将同时显示。在信号稳定后仪表根据预选终点方式自动（显示屏显现 $\sqrt{A}$）或按读数键手动终点（显示屏显现 $\sqrt{\ }$）。按读数键后，仪表显示零点和斜率，然后自动退回到测量画面。

注意：当进行一点校准时，只有零点被调节。如果电极之前进行过多点校准，它的斜率会被保存。否则理论斜率（ - 59.16 mV/pH）被采纳。长按校准键，仪表将显示斜率和零点值，然后仪表退回到测量画面。

3. 两点校准

第 1 步：按 2. 所述进行一点校准。

第 2 步：用去离子水冲洗电极。

第 3 步：将电极放入下一个校准缓冲液中，并按校准键开始下一点校准。

在信号稳定后仪表根据预选终点方式确定终点或按读数键确定终点。按读数键后，仪表显示零点和斜率，同时保存校准数据，然后自动退回到测量画面。

4. 三点校准　如 3. 所述进行 3 点校准。

注意：推荐使用温度探头或带内置温度探头的电极。如果使用 MTC 模式，则应将所有缓冲液和样品溶液保持在相同的设定温度上。

为了确保精确的 pH 读数，应定期执行校准。

5. 样品测量　将电极放在样品溶液中并按读数键开始测量，画面上小数点闪动。自动测量终点 A 是仪表的默认设置。当电极输出稳定后，显示屏自动固定，并显现样品溶液 pH。

按住读数键，可以在自动和手动测量终点模式之间切换。要手动测量一个终点，可长按读数键，显示屏固定并显现。

pH 测量和 mV 测量稳定性判据：如果信号变化在 6s 内不大于 0.1mV，仪表将达到测量终点。

要在 pH 测量过程中查看 mV 值，只要按模式键即可。要执行 mV 测量，应按与 pH 测量相同的步骤执行。

6. 温度测量　为了提高精度，建议使用温度探头或带内置温度探头的电极。当使用温度探头时，屏幕将显示 ATC 符号和样品温度。

注意：本仪表仅适用 NTC 30 kΩ 温度探头。

7. 手动温度补偿　当仪表未检测到温度探头时，它将自动切换为手动温度补偿模式，并显现 MTC。

要设定 MTC 温度，短按设置键，至屏幕显示 MTC 温度并闪烁，使用上下箭头来增大或减少样品的温度值。按读数键以确认温度设置。默认值为 25℃。

二、pH - 25 型 pH 计使用方法

（一）仪器结构

仪器外型结构见图 4 - 12。

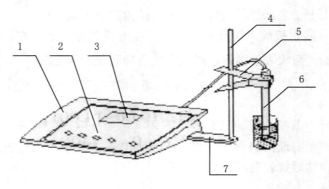

图 4 - 12　酸度计结构图
1. 机箱；2. 键盘；3. 显示屏；4. 电极梗；5. 电极夹；
6. 电极；7. 电极梗固定座

（二）操作步骤

1. 开机前准备

（1）将 pH 复合电极安装在电极夹上。

（2）将 pH 复合电极下端的橡皮帽拔下，并拉下电极上端的橡皮套使其露出上端小孔。

（3）用蒸馏水清洗电极。

2. 标定　一般情况下仪器连续使用时，每天要标定一次。

（1）打开电源开关，仪器进入 pH 测量状态。

（2）按"模式"键一次，使仪器进入溶液温度显示状态，按上下键调节温度显示数值上升或者下降，使温度显示值和温度值一致，然后按"确认"键，使仪器确认溶液温度后回到 pH 测量状态。

（3）把用蒸馏水清洗过的电极插入 pH = 6.86 的标准缓冲溶液中，待读数稳定后，

按"模式"键两次（此时 pH 指示值全部锁定，液晶显示器下方显示"定位"，表明仪器在定位标定状态），然后按"确认"键，仪器显示该温度下标准缓冲溶液的标称值。

（4）把用蒸馏水清洗过的电极插入 pH = 4.00（或 pH = 9.18）的标准缓冲溶液中，待读数稳定后，按"模式"键 3 次（此时 pH 指示值全部锁定，液晶显示器下方显示"斜率"，表明仪器在斜率标定状态），然后按"确认"键，仪器显示该温度下标准缓冲溶液的标称值，仪器自动进入 pH 测量状态。

3. 测量 经过标定的仪器，用蒸馏水清洗电极后即可对被测溶液进行测量。

（三）注意

1. 如果标定过程中操作失误或者按键按错而使仪器测量不正常，可关闭电源，然后按住"确认"键后再开启电源，使仪器恢复初始状态，然后重新标定。

2. 经标定后，就不再按"模式"键，进入"温度"、"定位"、"斜率"标定，如果触动此键，此时仪器温度闪烁或定位显示或斜率显示，此时请不要按"确认"键，而是连续按"模式"键，使仪器重新进入 pH 测量即可，而无须再进行标定。

缓冲溶液的 pH 与温度关系对照见表 4 – 3。

表 4 – 3　缓冲溶液的 pH 与温度关系对照

温度（℃）	0.05mol/kg 邻苯二甲酸氢钾	0.025mol/kg 混合物磷酸盐	0.01mol/kg 硼砂
5	4.00	6.95	9.39
10	4.00	6.92	9.33
15	4.00	6.90	9.28
20	4.00	6.88	9.23
25	4.00	6.86	9.18
30	4.01	6.85	9.14
35	4.02	6.84	9.11
40	4.03	6.84	9.07
45	4.04	6.84	9.04
50	4.06	6.83	9.03
55	4.07	6.83	8.99
60	4.09	6.84	8.97

特别提示

1. 每次更换标准缓冲液或供试液前，电极必须用蒸馏水充分洗涤，然后将水吸尽，也可用所换的标准缓冲液或供试液洗涤。

2. 在测定 pH 较高的供试品时，应选用 231 型玻璃电极进行测定。

3. 配制标准缓冲液与溶液供试品的水，应是新沸过并放冷的纯化水，其 pH 应为

5.5～7.0。

4. 标准缓冲液一般可保存2～3个月，但发现有浑浊、发霉或沉淀等现象时，不能继续使用。

5. 测定弱缓冲液的pH时，如测定水的pH，应先用邻苯二甲酸氢钾标准缓冲溶液校正仪器后测定供试液的pH，并重取供试液再测，直至pH的读数在1min内改变不超过±0.05为止；然后再用硼砂标准缓冲溶液校正仪器，再如上法测定；2次pH的读数相差应不超过0.1，取2次读数的平均值为供试液的pH。

技能训练一 酸度计性能的检定和药品 pH 的测定

【预习思考】
1. 药典检定酸度计示值准确性和示值重现性的方法。
2. 按药典规定准确测定药品pH的方法和实验操作。
3. 酸度计使用方法。

【实训目标】
1. 知识目标 直接电位法的基本原理。

2. 职业关键能力 酸度计的性能检定要求和检查方法及使用。

3. 素质目标 让学生明白职业道德是在职业活动中做人、做事的规范。

【实训用品】
1. 仪器 酸度计、复合电极、温度计、烧杯。

2. 试剂 pH=4.00的邻苯二甲酸氢钾标准缓冲液、pH=6.86的磷酸盐标准缓冲液、pH=9.18硼砂标准缓冲液葡萄糖注射液、磺胺嘧啶钠注射液灭菌注射用水、蒸馏水、滤纸。

【实训方案】
（一）实训形式
试液配制、仪器洗涤、仪器使用、实训记录等，分成4人一组，进行合理分工。

（二）实训过程

（三）实训前准备
1. 试剂准备

（1）pH 4.00 溶液　精密称取在115℃±5℃干燥2～3h GR 邻苯二甲酸氢钾10.12g，溶解于1000ml的高纯去离子水中。

（2）pH 6.86 溶液　精密称取在115℃±5℃干燥2～3h GR 磷酸二氢钾3.387g、GR 无水磷酸氢二钠3.533g，溶解于1000ml的高纯去离子水中。

（3）pH 9.18 溶液　精密称取 GR 硼砂 3.80g、溶解于 1000ml 的高纯去离子水中。

2. 仪器准备

（1）电极的安装　将根据电极说明书要求事先处理好的电极安装在电极支架上，并于酸度计连接。

（2）仪器的准备　检查仪器，开机预热、把所需试液倒入烧杯中测定溶液温度做好实训前准。

【实训操作】

（一）酸度计示值准确性的检定

用 pH = 4.00 的邻苯二甲酸氢钾标准缓冲液校准仪器后，测定 pH = 6.8 的磷酸盐标准缓冲液的 pH。重复测量 3 次求出平均值。测定平均值与磷酸盐标准缓冲液的规定值之差，即为示值准确性。其结果一般不应超过所用仪器的最小分度值。pHS - 25 型酸度计在 3 < pH <10 范围内，仪器示值准确性应为 ±0.1 个 pH 单位。

（二）酸度计示值重现性的检定

按上述方法用邻苯二甲酸氢钾标准缓冲液定位，重复测定磷酸盐标准缓冲液的 pH 5 次。5 次测定值之间的最大差值即为仪器示值重现性误差。pHS - 25 型酸度计的示值重现性误差不得大于 0.05。

（三）葡萄糖注射液 pH 的测定

按药典规定用邻苯二甲酸氢钾缓冲液和磷酸盐缓冲液两种标准缓冲液定位，重复测定葡萄糖注射液的 pH 3 次，求出平均值。该注射液的 pH 应为 3.2 ~5.5。

（四）磺胺嘧啶钠注射液 pH 的测定

按药典规定用硼砂标准缓冲液和磷酸盐缓冲液两种标准缓冲液，校正和核对仪器后，测定上述注射液的 pH 3 次，求出平均值。磺胺嘧啶钠注射液的 pH 应为 9.5 ~11.0（本测定应注意碱误差的问题，必要时应选用适用的玻璃电极测定，如 231 型玻璃电极）。

（五）灭菌注射用水 pH 的测定

本品为缓冲容量极低的供试液，应按药典规定先用邻苯二甲酸氢钾缓冲液校正仪器后测定本品的 pH，重取本品再测，直至 pH 的读数在 1min 内改变不超过 ±0.05 为止。然后再用硼砂标准缓冲液校正仪器，再如上法测定。两次 pH 的读数相差应不超过 0.1，取两次读数的平均值为供试液的 pH。药典规定本品的 pH 应为 5.0 ~7.0。

【实训现象、数据处理与结果、小结与评议】

（一）现象

（二）数据处理及结果

1. 酸度计示值准确性的检定

2. 酸度计示值重现性的检定

3. 葡萄糖注射液 pH

4. 磺胺嘧啶钠注射液 pH 的测定

5. 灭菌注射用水 pH 的测定

（三）小结与评议

1. 用酸度计测定 pH 时为什么要用两次测定法？
2. 用酸度计测 pH 时，为什么必须用标准缓冲液校正仪器？校正时应注意什么？
3. 怎样正确操作 pHS－25 型酸度计？
4. 玻璃电极使用前应如何处理？为什么？使用和安装时，应该注意哪些问题？
5. 为什么定位时应使用与供试液 pH 相近的标准缓冲液？
6. 理解职业道德是在职业活动中做人、做事的规范。

　　职业道德是在职业活动中做人、做事的规范：职业道德是调节从业者在职业活动中与自我、职业、服务对象、经济社会、自然界之间关系的行为准则，是职业活动中做人、做事的行为规范。"爱国守法、明礼诚信、团结友善、勤俭自强、敬业奉献"的公民道德基本规范和"爱岗敬业、诚实守信、办事公道、服务群众、奉献社会"的职业道德基本规范，是对"做人、做事"的规定。而各行各业的职业道德规范，则对从业者在职业活动中怎样"做人、做事"给以更具体的要求。

技能训练二 电位滴定法测定磷酸盐缓冲液的含量

【预习思考】

1. 电位滴定法原理和操作技术。

2. 绘制 $pH - V$、$\Delta pH/\Delta V - \overline{V}$ 和 $\Delta^2 pH/\Delta V^2 - V$ 曲线和确定滴定终点的方法。

【实训目标】

1. 知识目标 电位滴定法的基本原理。

2. 职业关键能力 绘制 $pH - V$、$\Delta pH/\Delta V - \overline{V}$ 和 $\Delta^2 pH/\Delta V^2 - V$ 曲线和确定滴定终点的方法。

3. 素质目标 正确理解做人与做事的关系，树立正确人生观。

【实训用品】

1. 仪器 酸度计、复合电极、酸碱通用滴定管、移液管、温度计、烧杯。

2. 试剂 pH = 4.00 的邻苯二甲酸氢钾标准缓冲液、pH = 6.86 的磷酸盐标准缓冲液、pH = 9.18 硼砂标准缓冲液、pH = 7.4 的磷酸盐标准缓冲液、盐酸滴定液（0.1mol/L）、氢氧化钠滴定液（0.1mol/L）、蒸馏水、滤纸。

【实训方案】

（一）实训形式

试液配制、仪器洗涤、仪器使用、实训记录等，分成 4 人一组，进行合理分工。

（二）实训过程

（三）实训前准备

1. 试剂准备

（1）pH4.00 溶液 精密称取 GR 邻苯二甲酸氢钾 10.12g，溶解于 1000ml 的高纯去离子水中。

（2）pH6.86 溶液 精密称取 GR 磷酸二氢钾 3.387g、GR 无水磷酸氢二钠 3.533g，溶解于 1000ml 的高纯去离子水中。

（3）pH9.18 溶液 精密称取 GR 硼砂 3.80g、溶解于 1000ml 的高纯去离子水中。

（4）pH7.4 样品溶液 精密称取无水磷酸氢二钠（Na_2HPO_4）8.6061g，无水磷酸二氢钠（NaH_2PO_4）2.7048g 于 1000ml 水溶液中即可。

（5）盐酸滴定液（0.1mol/L）、氢氧化钠滴定液（0.1mol/L）。

2. 仪器准备

（1）电极的安装 将根据电极说明书要求事先处理好的电极安装在电极支架上，并与酸度计连接。

（2）仪器的准备　玻璃仪器洗涤，检查仪器，开机预热，把所需试液倒入烧杯中测定溶液温度，装滴定液、做好实训前准备。

【实训操作】

（一）磷酸氢二钠的含量测定

用 pHS－25 型酸度计和电磁搅拌器进行实验。先用邻苯二甲酸氢钾标准缓冲液校正仪器，然后精密吸取 pH 为 7.4～7.8 的磷酸盐缓冲液 10ml，置 150ml 烧杯中，加水 40ml 混匀后，插入玻璃电极和甘汞电极，在不断搅拌下，用盐酸滴定液（0.1mol/L）滴定。分别记录加入上述盐酸滴定液 0.00、4.00、8.00、12.00、14.00、16.00、17.00、17.50、17.80、17.90、18.00、18.10、18.20、18.30、18.40、18.50、19.00、20.00、21.00、24.00ml 时的 pH，绘制 $pH-V$ 曲线、$\Delta pH/\Delta V - \overline{V}$ 曲线和 $\Delta^2 pH/\Delta V^2 - V$ 曲线，确定滴定终点。按每 1ml 盐酸滴定液（0.1mol/L）相当于 35.81mg 的 $Na_2HPO_4 \cdot 12H_2O$ 计算结果。

$$\text{标示量}, \% = \frac{(cV)_{HCl} M_{Na_2HPO_4}}{\dfrac{10}{V_{样总}} \times m_{Na_2PO_4}} \times 100\%$$

（二）磷酸二氢钠的含量测定

先用硼砂标准缓冲液校正仪器，然后精密吸取 pH 为 7.4～7.8 的磷酸盐缓冲液 50ml 置于 150ml 烧杯中，插入玻璃电极和甘汞电极，在不断搅拌下用氢氧化钠滴定液（0.1mol/L）滴定。分别记录加入氢氧化钠滴定液 0.00、4.00、6.00、7.00、7.10、7.20、7.30、7.40、7.50、7.60、7.70、7.80、7.90、8.00、9.00、10.00、11.00、12.00、14.00、16.00ml 时的 pH，绘制 $pH-V$ 曲线、$\Delta pH/\Delta V - \overline{V}$ 曲线和 $\Delta^2 pH/\Delta V^2 - V$ 确定滴定终点。按每 1ml 氢氧化钠滴定液（0.1mol/L）相当于 15.60mg 的 $Na_2HPO_4 \cdot 12H_2O$ 计算结果。

$$\text{标示量}, \% = \frac{(cV)_{NaOH} M_{NaH_2PO_4}}{\dfrac{50}{V_{样总}} \times m_{NaH_2PO_4}} \times 100\%$$

【实训现象、数据处理与结果、小结与评议】

（一）现象

（二）数据处理与结果

1. 记录数据并计算　$\Delta^2 pH/\Delta V^2$ 项只需计算终点附近几个值。

V（滴定剂）	pH	ΔpH	ΔV	$\Delta pH/\Delta V$	$\overline{V}$（平均体积）	$\Delta^2 pH/\Delta V^2$

2. 曲线法确定终点　作 $pH-V$ 曲线；$\Delta pH/\Delta V - \overline{V}$ 曲线；$\Delta^2 pH/\Delta V^2 - V$ 曲线，分别确定终点。

3. 用二阶导数线性插入法计算终点

4. 计算 计算供试品中 Na_2HPO_4 和 NaH_2PO_4 的百分含量（标示百分含量）。

（三）小结与评议

复合电极使用注意事项如下。

1. 电极在初次使用或久置不用重新使用时，把电极球泡浸在 3~3mol/L KCl 溶液活化 8h 左右。

2. 测定时，应先在蒸馏水中洗净，并用滤纸拭干，防止杂质带入，电极球泡应浸入被测液内。

3. 测量完毕，应将电极保护帽套上，帽内应放少量 3mol/L KCl 补充液，以保持电极球泡的湿润。

4. 电极避免长期浸在蒸馏水中或蛋白质溶液和酸性氟化物溶液中，并防止和有机硅油脂接触。

电极经长期使用后，若发现梯度略有降低，可把电极下端浸泡在 4% HF 中 3~5s，用蒸馏水洗净，然后在氯化钾溶液中浸泡，使之复新。

1. 什么叫电位滴定法，它有何优点？

2. 为什么开始滴定和离终点较远时，每次可加入较多量的滴定剂，而在终点附近，每次加入量应尽可能少些？

3. 本实验中，3 种方法确定的终点位置是否一致？哪两种方法较准确？

4. 本实验，需要用到哪些仪器？

5. 为什么测定磷酸氢二钠含量时，要用邻苯二甲酸氢钾标准缓冲液校正仪器？而测定磷酸二氢钠含量时，要用硼砂标准缓冲液校正仪器？

6. 怎样理解做人与做事关系？

技能训练三　氟离子选择电极测定水样中的氟离子浓度

【预习思考】

1. 了解氟离子选择电极的结构及其性能的检验方法。
2. 氟离子选择电极测定水中微量氟的原理和方法。
3. 标准曲线法测定水中氟含量方法。

【实训目标】

1. 知识目标　氟离子选择电极测定水中微量氟的原理和方法。

2. 职业关键能力　氟离子选择性电极的基本性能及其测定方法。

3. 素质目标　通过案例分析，使学生处理好做人与做事关系。

【实训用品】

1. 仪器　酸度计、氟离子选择电极、饱和甘汞电极、温度计、电磁搅拌器及搅拌子、容量瓶（50ml、100ml）、吸量管（1ml、10ml）、移液管（25ml）、胶头滴管、洗耳球、滤纸、镊子。

2. 试剂　氟化钠、氯化钠、冰醋酸、枸橼酸钠、近饱和 NaOH 溶液、蒸馏水、滤纸。

【实训方案】

（一）实训形式

试液配制、仪器洗涤、仪器使用、实训记录等，分成4人一组，进行合理分工。

（二）实训过程

（三）实训前准备

1. 试剂准备

（1）总离子强度调节缓冲溶液（TISAB）的配制 称取 NaCl 58g，枸橼酸钠 12g，搅拌溶解于 800ml 去离子水中，加冰醋酸 57ml，缓缓加入 NaOH 试液（6mol/L），直至 pH 在 5.0~5.5（约 125ml），冷至室温，转入 1000ml 容量瓶中，加蒸馏水稀释至刻度，摇匀。

（2）NaF 标准系列溶液的配制 准确称取 120℃干燥 2h 并冷却至室温的分析纯 NaF 4.2g，溶于无氟蒸馏水中，转入 100ml 容量瓶中，稀释至刻度，即得 NaF 标准贮备溶液（1mol/L），贮存于聚乙烯瓶中，备用。

（3）准确移取 10.00ml，1mol/L NaF 标准溶液于 100ml 容量瓶中，加入离子强度调节缓冲溶液 10ml，用蒸馏水稀释至刻度，摇匀，即得 10^{-1}mol/L 的 NaF 标准溶液。用类似方法配制 10^{-2}mol/L、10^{-3}mol/L、10^{-4}mol/L、10^{-5}mol/L、10^{-6}mol/L 的 NaF 标准溶液。

2. 仪器准备 氟离子选择电极的准备：接通仪器电源，预热 20min，校正仪器，调仪器零点。将甘汞电极和氟电极分别接在酸度计正极和负极上，将 pH – mV 开关拨至 mV 档，将两电极插入盛有去离子水的小烧杯中（内有一枚搅拌子），开动电磁搅拌器。将氟离子选择电极在 10^{-3}mol/L NaF 溶液中浸泡约半小时，再用蒸馏水洗至空白电位值为 – 270mV 左右，最后浸泡在水中待用。

【实训操作】

（一）校正曲线的测定

取 10^{-6}mol/L 的 NaF 标准溶液 30ml 于 50ml 塑料杯中，将氟电极与饱和甘汞电极浸于溶液中部。开动电磁搅拌器，选择合适的量程范围，按"读数"钮读数后放开"读数"钮。每隔 1min，观察并记录一次数值，直至电位值达到平衡为止，记录每次时间及对应的电位读数。按由稀到浓的顺序，依照上述方法分别测定出 10^{-5}mol/L、10^{-4} mol/L、10^{-3} mol/L、10^{-2} mol/L、10^{-1}mol/L 各 NaF 标准溶液的电位值。

以测得的电池电动势 E 或电位值（mV）为纵坐标，以 pF 为横坐标，绘制 E – pF 校正曲线，

（二）水样中氟离子浓度测定

取水样 10ml，置 50ml 容量瓶中，加总离子强度调节缓冲溶液 5ml，用蒸馏水稀释至刻度，摇匀。取 30ml 于干燥烧杯中，在与标准曲线相同的条件下测出其电位。从标准曲线上查出相应于标准溶液的 F⁻ 浓度。从而可计算出水样中 F⁻ 浓度。

【实训现象、数据处理与结果、小结与评议】

（一）现象

（二）数据处理与结果

标准溶液浓度（mol/L）	pF	第一次测量 E_1（mV）	第二次测量 E_2（mV）	测量平均值 E（mV）
10^{-1}				
10^{-2}				
10^{-3}				
10^{-4}				
10^{-5}				
10^{-6}				
水样				

用方格坐标纸绘制 E – pF 校正曲线，指出线性范围，求算转换系数（曲线的斜率）、检测下限、水样中氟的浓度等。

（三）小结与评议

1. 清洗氟离子选择电极时，要多次换水，并与饱和甘汞电极组成原电池后测量空白值。

2. 由浓到稀配制标准溶液，由稀到浓测定实验数据。测定时搅拌速度、时间要一致。

3. 测量电池电动势应在搅拌下动态读数，搅拌速度应适宜。

4. 使用时注意事项

（1）电极使用前，需在 10^{-3}mol/L NaF 溶液中浸泡 1～2h，再用蒸馏水反复冲洗，直至空白电位值达 – 270mV 左右。

（2）电极晶片勿与硬物碰擦，如有油污，先用乙醇棉球轻擦，再用蒸馏水洗净。

（3）电极使用完毕后，应清洗至空白电位值保存。

（4）电极引线与插头应保持干燥。

（5）电极内充液，可自己配制并经陈化 12h 后加入。

1. 为什么测氟时定位钮不起作用？调零怎样调？

2. 测定的顺序由浓到稀，会对结果产生什么影响？

3. 实验中加入总离子强度调节缓冲溶液（TISAB）的目的是什么？

4. 课下收集身边例子，怎样处理好做人与做事的关系？

案例分析：张秉贵是怎样处理做人与做事关系，你能得到什么启示？

全国劳动模范张秉贵把服务业中买糖果的简单操作升华为艺术，在问、拿、称、包、算、收六个环节上摸索，练就了"一抓准"和"一口清"的过硬本领。他通过眼神、语言、动作、表情、步伐、姿态等调动各个器官的功能，用自己在职业活动中"做事"的本领，把"做人"落在了实处，体现了为顾客服务的"一团火"精神。

技能训练四　硫酸亚铁的电位滴定

【预习思考】

1. 电位滴定法的原理。

2. 电位滴定法操作及确定终点的方法。

3. 电位滴定曲线的绘制。

【实训目标】

1. 知识目标　电位滴定法的原理。

2. 职业关键能力　电位滴定法操作及确定终点的方法，电位滴定曲线的绘制。

3. 素质目标　理解"学会做事"的基础上，注重"实践教育、体验教育、养成教育"。

【实训用品】

1. 仪器　酸度计、铂电极（使用前用加有少量三氯化铁的硝酸或用铬酸清洁液浸洗）、饱和甘汞电极、电磁搅拌器、酸式滴定管、烧杯（100ml）、移液管（20ml、10ml）、洗耳球、镊子。

2. 试剂　$K_2Cr_2O_7$（0.015mol/L）滴定液、$FeSO_4 \cdot 7H_2O$（原料药）、H_2SO_4溶液（1mol/L）、H_3PO_4（A. R）、二苯胺磺酸钠指示剂。

【实训方案】

（一）实训形式

试液配制、仪器洗涤、仪器使用、实训记录等，分成4人一组，进行合理分工。

（二）实训过程

电极安装
电极准备 → 样品称取 → 电位滴定 → 记录与结果判定
试液准备

（三）实训前准备

1. 试剂准备　$K_2Cr_2O_7$（0.015mol/L）滴定液的配制：准确称取于120℃干燥至恒重后的 $K_2Cr_2O_7$ 基准物质4.9g于1000ml容量瓶中，加水适量使溶解并稀释至刻度，摇匀。

2. 仪器准备　铂电极（使用前用加有少量三氯化铁的硝酸或用铬酸清洁液浸洗），检查仪器，开机预热，做好实训前准备。

【实训操作】

（一）样品称量

精密称取 $FeSO_4 \cdot 7H_2O$ 样品3份，每份约0.61g，其中2份各加水20ml溶解，加入 H_2SO_4 溶液（1mol/L）20ml，另1份加水40ml溶解后，加磷酸4ml，再加二苯胺磺酸钠指示剂7~8滴。

（二）电位滴定

铂电极为指示电极，饱和甘汞电极为参比电极，用 $K_2Cr_2O_7$（0.015mol/L）滴定液进行电位滴定。开始时可滴入5ml测量一次电位值。然后每间隔2ml测量其相应的电位值。滴定电位值达到400mV时，每隔0.10ml测定相应的电位值。特别是"突跃"前后的电位值要多测几个点（此时，也可借助二苯胺磺酸钠指示剂的变色来判断）。然后用滴定液继续滴定，直到测量的电动势值约为700mV后可停止滴定。

【实训现象、数据处理与结果、小结与评议】

（一）现象

（二）数据处理与结果

$$FeSO_4 \cdot 7H_2O, \% = \frac{c_{K_2Cr_2O_7} \times V_{计量点} \times M_{FeSO_4 \cdot 7H_2O}}{S \times 1000} \times 100\%$$

$M_{FeSO_4 \cdot H_2O} = 218.01$

式中，S 为 $FeSO_4 \cdot 7H_2O$ 样品重。

规定为98.5%~104.0%。

（三）小结与评议

特别提示

1. $\Delta E/\Delta V$ 最大时达到化学计量点。
2. 读数取整数，以便作图。
3. 在滴定过程中，应用少量水吹洗烧杯壁，避免溶液酸度降低。

课外延伸

1. 在电位滴定中，如何用内插法求算滴定终点？
2. 滴定反应中，加入磷酸有何作用？

素质教育

　　怎样理解"行行出状元"、"天生我才必有用"，"人人有才、人无全才、扬长避短、个个成才"的理念？
　　高职生在为自己有一个成功的职业生涯而奋斗时，感悟到"一个人的思想可能转变为行为，行为可能转变为习惯，习惯可能转变为品格，品格可能转变为命运"，从而自觉地形成正确的价值观，并以此指导自己良好职业道德行为习惯的养成。

技能训练五　永停滴定法标定 $NaNO_2$ 标准溶液浓度

【预习思考】
1. 永停滴定法的原理。
2. 了解永停滴定法的实验装置和实验操作。
3. 永停滴定法确定终点的方法。

【实训目标】
1. **知识目标**　永停滴定法的原理、确定终点的方法。
2. **职业关键能力**　永停滴定仪的使用及实验操作。
3. **素质目标**　通过典型案例分析，启发学生理解"做人"则融于"做事"之中，能够"做好事"也说明他"做好了人"。

【实训用品】

1. 仪器 永停滴定仪、铂电极（2 个）、电磁搅拌器（带搅拌子）、酸式滴定管（25ml）、烧杯（100ml）、细玻璃棒、镊子。

2. 试剂 对氨基苯磺酸（基准物质）、浓氨试液、HCl（1→2）、$NaNO_2$（A. R）。

【实训方案】

（一）实训形式

试液配制、仪器洗涤、仪器使用、实训记录等，分成 4 人一组，进行合理分工。

（二）实训过程

$$\boxed{配制标准溶液} \rightarrow \boxed{标定} \rightarrow \boxed{记录与计算} \rightarrow \boxed{数据处理} \rightarrow \boxed{结果与判定}$$

（三）实训前准备

1. 试剂准备

（1）浓氨试液，HCl（1→2）。

（2）$NaNO_2$ 标准溶液 称取 $NaNO_2$ 7.2g，加无水碳酸钠 0.1g，加水使溶解并稀释至 1000ml，摇匀，置棕色试剂瓶中。

2. 仪器准备 检查仪器，开机预热，装滴定液，调节仪器，做好准备。

【实训操作】

$NaNO_2$ 标准溶液的标定 准确称取于 120℃ 干燥至恒重的基准物对氨基苯磺酸约 0.5g 于烧杯中，加水 30ml，加浓氨试液 3ml。溶解后加盐酸（1→2）20ml 搅拌。滴定时，插入铂 - 铂电极，将滴定管尖端插入液面下约 2/3 处，边滴边搅拌，调节搅拌速度适中，按"滴定开始"，仪器就开始自动滴定，先慢滴，后快滴，反复多次，直到终点指针不在返回，约 80s，终点指示灯亮，同时蜂鸣器响，说明滴定结束。

【实训现象、数据处理与结果、小结与评议】

（一）现象

（二）数据处理与结果

1. 数据记录

	I	II	III
（基准物＋称量瓶）初重（g）			
（基准物＋称量瓶）末重（g）			
基准物重 m（g）			
$NaNO_2$ 终读数（ml）			
$NaNO_2$ 初读数（ml）			
V_{NaNO_2}（ml）			

2. 计算

$$c_{NaNO_2} = \frac{m_{C_6H_7O_3NS}}{V_{NaNO_2} \times \dfrac{M_{C_6H_7O_3NS}}{1000}}$$

$$M_{C_6H_7O_3NS} = 173.19$$

（三）小结与评议

亚硝酸钠溶液的标定可采用永停滴定法。永停滴定法的原理是将两个相同的铂电极插入滴定溶液中，在两电极间外加一小电压（10～200mV），组成电解池。观察滴定过程中通过两电极间的电流变化情况以确定滴定终点。

$NaNO_2$ 与芳伯胺基类药物在酸性溶液中可定量地完成重氮化反应。$NaNO_2$ 标准溶液的标定，常以对氨基苯磺酸（$C_6H_7O_3NS$）为基准物质。其反应如下：

$$H_2N-\!\!\!\!\bigcirc\!\!\!\!-SO_3H + NaNO_2 + 2HCl \longrightarrow \left[N\equiv N-\!\!\!\!\bigcirc\!\!\!\!-SO_3H \right]^+ Cl^- + NaCl + 2H_2O$$

在化学计量点前无可逆电对存在，电极间没有电流通过。

化学计量点后有稍过量的 $NaNO_2$ 即生成 HNO_2，同时并有少量分解产物 NO 存在，在两个铂电极上的电极反应为：

$$阳极 \quad NO + H_2O \Longrightarrow HNO_2 + H^+ + e$$

$$阴极 \quad HNO_2 + H^+ + e \Longrightarrow NO + H_2O$$

因此，在化学计量点时，电极间有电流通过，检流计指针显示偏转并不再回复。

1. 为什么用 HCl 酸化？对其浓度有什么要求？
2. 反应速度和温度对反应结果有什么影响？

从劳模许振超的实例，思考如何理解"一个人的思想可能转变为行为，行为可能转变为习惯，习惯可能转变为品格，品格可能转变为命运"。

他生在一个贫穷的工人家庭。文革时，只上了1年半初中的他当了工人，后来在青岛港当了码头工人。当时的工作条件十分艰苦，还遭到外国人的鄙视，那种眼神深深的刺痛了他的心。一次他看到一篇文章，里面的一句话让他心头豁然一亮："知识就是力量"。于是他就认真学习门机的电气原理和操作技术，成为队里最好的门机司机和第一个会修门机的工人。一干就是10年。改革开放以后，青岛港建了新码头，建起了集装箱装卸基地。许振超在电视上看到桥吊，就被吸引住了。当他被选当桥吊司机后，看到机器，他懵了：新设备的零部件都没见过，图纸有厚厚的100多页，而且都是英文，他看不懂！别人都劝他说："我们只要会开就行了，干吗要看懂图纸呢！"他说："我们是公司挑的第一批司机，以后徒弟由我们带，集装箱码头要靠我们建设，不会怎么行？没有克服不了的困难，不会就学，决不能趴下。"他开始一个单词一个单词的问大学生，但是很快又忘了。但是他仍然坚持下去。后来学会了桥吊操作。现在他已经由一名普通工人成为中国最大的集装箱码头上令世界航运界敬佩的一流桥吊专家。

检测与评价

一、知识题

（一）填充题

1. 电位法是应用物质的 _____ 进行物质成分分析的方法。包括_____。

2. 直接电位法是通过测量_____直接测定相应离子浓度的方法；电位滴定法是根据滴定过程中_____变化以确定终点的方法；永停滴定法是根据滴定过程_____的变化以确定滴定终点的方法。

3. 能斯特方程式的表达式是_____

4. 常用的指示电极有_____等类型，玻璃电极属于_____，用以指示溶液_____离子浓度的电极。

（二）问答题

1. 玻璃电极在使用前为什么必须在水中浸泡24h以上？

2. 用酸度计测量溶液的pH时，为什么要采用"两次测量法"？

3. 试说明酸度计上定位旋钮和温度补偿器的作用和用法。

4. 电位滴定法确定终点的方法有哪几种？

5. 简述永停滴定法的基本原理。

6. 什么是可逆电对和不可逆电对，比较电位滴定法和永停滴定法的异同点。

7. 根据滴定液与被测物的性质，永停滴定法在滴定过程中的电流变化有几种类型，各种类型电流变化情况如何？

8. 为什么说职业道德是在职业活动中做人、做事的规范？

9. 爱岗敬业定义是什么？当前对高职生谈爱岗敬业有什么意义？

10. 简答做事与做人的关系。

二、操作技能考核题

（一）题目

请用酸度计测定药物液体制剂的 pH。

（二）考核要点

1. 能够正确使用酸度计。

2. 能够正确进行仪器的安装调整吸收池配套性检查。

3. 能够完成溶液的 pH 测量，会正确读数。

4. 文明操作。

（三）仪器与试剂

1. 仪器　pHS - 25 型酸度计，复合电极，烧杯（50ml）5 只，温度计，滤纸。

2. 试剂　pH = 4.00 的邻苯二甲酸氢钾标准缓冲液，pH = 6.86 的磷酸盐标准缓冲液，pH = 9.18 硼砂标准缓冲液，生理盐水。

（四）实验步骤

1. 开机前准备

（1）将 pH 复合电极安装在电极夹上。

（2）将 pH 复合电极下端的橡皮帽拔下，并拉下电极上端的橡皮套使其露出上端小孔。

（3）用蒸馏水清洗电极、烧杯。倒入溶液，测溶液温度。

2. 标定

（1）打开电源开关，仪器进入 pH 测量状态。

（2）按"模式"键一次，使仪器进入溶液温度显示状态，按上下键调节温度显示数值上升或者下降，使温度显示值和溶液温度值一致，然后按"确认"键，使仪器确认溶液温度后回到 pH 测量状态。

（3）把用蒸馏水清洗过的电极插入 pH = 6.86 的标准缓冲溶液中，待读数稳定后，按"模式"键两次，然后按"确认"键，仪器显示该温度下标准缓冲溶液的标称值。

（4）把用蒸馏水清洗过的电极插入 pH = 4.00（或 pH = 9.18）的标准缓冲溶液中，待读数稳定后，按"模式"键 3 次，然后按"确认"键，仪器显示该温度下标准缓冲溶液的标称值，仪器自动进入 pH 测量状态。

3. 样品测定　经过标定的仪器，用蒸馏水清洗电极后即可对生理盐水测定，并正确记录。进行测量。

三、技能考核评分表

《仪器分析》操作评分细则

项目	考核内容	分值	操作要求		扣分说明	扣分	得分
酸度计的使用（100分）	电极的选择	10	正确				
			不正确				
	仪器的安装	10	正确				
			不正确				
	仪器的预热	10	进行				
			未进行				
	温度调节	10	准确				
			不准确				
	定位调节	10	正确				
			不正确				
	电极的洗涤	10	正确				
			不正确				
	电极的擦拭	10	正确				
			不正确				
	测量	10	正确				
			不正确				
	稳定后读数	10	正确				
			不正确				
	测定结束后整理	10	进行				
			未进行				

气相色谱法

一、基础知识

气相色谱法是以气体为流动相的色谱法。

气相色谱仪属于柱色谱仪，其主要部件为色谱柱，以惰性气体作为流动相。固定相有两种：一种为固体固定相（为表面具有一定活性的固体吸附剂）；另一种为固定液固定相（高沸点的液体有机化合物）。利用固定相的吸附、溶解等特性，将样品中各组分分离。

气相色谱法主要用于容易转化为气态而不分解的液态有机化合物以及气态样品分离分析。

二、仪器结构

目前，气相色谱仪的型号较多，但它们的基本结构都相似，都由载气系统、进样系统、分离系统、检测系统、数据处理系统和温度控制系统组成，其组成框图见图5-1，其气相色谱仪工作流程图见图5-2。

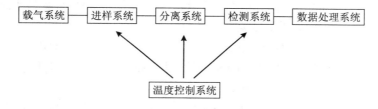

图5-1 气相色谱仪组成部件框图

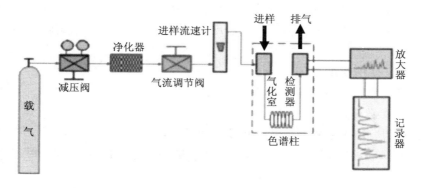

图5-2 气相色谱仪工作流程

（一）载气系统

包括高压钢瓶（N_2、He、H_2）、减压阀、稳流阀、净化器。

（二）进样系统

包括样品引入装置（如手动微量注射器、自动进样器以及顶空进样器）和气化室（进样口）。

（三）分离系统

包括柱箱、色谱柱（分离的核心部件）。

（四）检测系统

分为浓度型和质量型。

（五）数据处理系统

包括记录仪和工作站（采集、处理、存储数据）。

（六）温度控制系统

气化室、色谱柱、检测器需温度控制，通常柱温基本原则为：在使最难分离的组分有符合要求的前提下，尽可能采用较低柱温，但以保留时间适宜及不拖尾为度。气化室高于柱温50℃，检测器等于或高于柱温30～50℃。

三、仪器操作规范

（一）东西 GC－4000 操作步骤及 A5000 工作站使用简介

1. 东西 GC－4000 操作步骤（氢火焰）

（1）开 N_2，气源分压 0.4～0.5 MPa，主机载气压力 0.3MPa，柱压 B 压力可调0.05～0.08MPa 调节出峰快慢。

（2）开主机电源，设置柱、气化、氢焰、保护温度。保护温度高于柱温箱30℃。（如：柱温100℃、气化150℃、氢焰150℃。）

（3）等升到温度后，开空气、氢气。空气气源压力 0.3～0.4MPa，主机空气压力0.2MPa，流量 A 针形阀开 8 圈（已调好）。顺时针关，逆时针开。氢气气源压力 0.2～0.4MPa，主机氢压 A 0.05～0.06MPa。

（4）开空气、氢气 5min 后，把高阻放于低档。按 FID 点火开关 5s 左右，火点着后，选适当的灵敏度和衰减（高档、衰减1）。

（5）开电脑进行工作站，待基线稳定后，进样分析。

（6）关机：各控温点温度降至规定温度后，等待 10min，关断起源，并关掉总电源开关。

2. A5000 工作站使用

（1）选用 A 通道，B 通道不能用。

（2）分析参数设置

①采样设置　点击采样，采样时间设为分析时间。

②点击采样　峰顶标记、基线颜色、基线标记、保留时间必选，电平范围 8000～20000。

③点击"方法"，设定分析参数：如：最小值 0.1，漂移 0.020，噪声 0.1，最小峰

宽5，相对窗宽4。

④点击"方法"，设定样品信息。

⑤分析计算。

⑥点击"采样"。采样通道，调A通道电平10000，待基线稳定后进样，先进标准品，峰出完后点击结束。点击方法，建立组分表，输入对应数据（保留时间，组分，浓度），点击分析计算，校准。进未知样，峰出完后点击结束。计算结果。

（二）TCD开关机步骤

1. 安装填充柱，检查仪器各开关处于关状态，柱室、气化室、检测器温度设置处于零，更换进样口硅胶垫，打开发生器对气路作气密性检查。

2. 用适当工具（皂膜流量计和秒表）调节合适的气体流量。

3. 打开主机电源，分别设定色谱柱、气化室、检测器温度打开加热开关，开始升温。用拨码开关设定桥温值和TCD衰减。

4. 通载气3~4min，将控制桥温的拨码开关开通，给上桥温。

5. 在工作站里观察基线，待基线稳定后即可进样分析。

6. 分析结束后，应先关掉桥温，将仪器复位，待气化室、柱箱、检测器温度分别降到规定温度时关掉电源，最后关断载气。

7. 清洗进样器、清理台面，填写记录进行安全检查。

（三）FID开关机步骤

1. 安装填充柱，检查仪器各开关处于关状态，柱室、气化室、检测器温度设置处于零，更换进样口硅胶垫，打开发生器对气路作气密性检查。

2. 在确认不漏气的情况下，用皂膜流量计检测载气流量。调节载气阀符合分析条件要求（20~50ml/min）。

3. 打开主机电源总开关，分别设定柱温、气化室和检测器温度，打开温控开关，升温。

4. 打开色谱数据处理机，输入测量参数。

5. 当各路温度达到设定值，打开空气稳压阀，用皂膜流量计检测空气流量。调节空气阀，使空气流量符合分析条件要求（200~500ml/min）。

6. 打开氢气阀，用皂膜流量计检测氢气流量。调节氢气阀，使氢气流量符合分析条件（20~30ml/min），并记录此时的氢气压力。

7. 准备点火。点火前，一定将高阻置于低档。调节氢气压力为0.07~0.08MPa，按下操作面板上的点火开关约7~8s完成点火操作，并观察基流值是否发生变化否则重新点火。点火后将高阻置于合适档位，同时将氢气压力重新调到原来记录的压力。

8. 待系统稳定后，即可进行性能测试或试样分析。

9. 分析结束后，先关断氢气和空气，让火焰灭掉，然后关掉电源，待各控温点温度降至规定温度后，关断载气。

（四）GC4000A气相色谱仪各控温点关机温度

各控温点断气时的最高温度见表5-1。各控温点温度降至规定温度后，等待10min关断气源，并关掉总电源开关。

表 5 – 1　GC4000A 气相色谱仪各控温点关机温度

柱箱	50℃（根据内装色谱柱而异）
热导	100 ℃
气化	150 ℃
氢焰	150 ℃

（五）气路检漏

在气路连接完毕后，进行气路检漏，另外当气路变动时也应系统检漏。

首先可用快速检漏法，在系统内通入载气，将压力调节至使用压力的 2～3 倍，然后直接将皂液涂在各接头处，观察有无气泡出现，若有气泡出现，则证明该处漏气，查处漏气的地方后排除漏气，必要时可更换密封垫。

上述无法查出漏气地方时，可采用系统检漏法。用合适的堵头堵住系统的出口，将压力调至使用压力的 2～3 倍，平衡 2～3min。关断进气，若发现压力下降很快，证明该系统漏气，使用以上方法逐断检查查明漏气的地方。如气化室至检测器出口间的漏气：接好色谱柱，开启载气，输出压力调在 0.2～0.4MPa，关载气稳压阀，待半小时后仪器压力表指示的压力降小于 0.005MPa，说明此段不漏气。

（六）气体流量的调节与测量

1. 气体流量的调节

（1）稳压阀　由于色谱分析中所用的气体流量小（100ml/min 以下），通常在减压阀输出气体的管线中还要串联稳压阀，用于稳定载体的压力。注意稳压阀进出气方向不能接反，否则起不到稳压作用，而且出口不能放空（直通大气），并保证稳压阀的输入输出压差 ≥ 0.07MPa，稳压阀长期不用，应把调节旋钮放松（逆时针转）。

（2）稳流阀　当用程序升温时，由于柱温不断增加，气体黏度不断变大，柱的阻力也随之增加，若此时柱前压不变，根据压力、气阻和流速的关系，柱的流速将随之减少，必须使用稳流阀，根据压力随着柱的阻力增加而自动增加，从而保持流速不变。应注意以下方面。

①稳流阀柱前压 P_3 应比输入压力 P_1 小 0.05MPa 以上。

②在调节稳流阀时，若 P_3 不上升，说明阀后有较大的漏气，若 P_3 已接近输入压力时流量调不上去，说明柱阻力太大，应排除漏气或增加输入压力，不能一味加大针形阀开度，否则破坏针形阀的密封性或损坏阀针。

③稳压阀的压力 P_1 为常数稳流阀才能起作用，所以稳流阀前接稳压阀。

（3）针形阀　针形阀可以用来调节载气流量，也可以用来控制燃气和空气的流量，由于针形阀结构简单，当进口压力发生变化时，处于同一位置的阀针，其出口的流量也发生变化，所以用针形阀不能精确地调节流量。针形阀常安装与空气的气路中，用于调节空气的流量。

（4）载气调节　先用稳压阀将载气总压调节至 0.3MPa，然后分别调节各路稳流阀，使各路流量达到需要值。

（5）空气调节　将空气总压调到 0.2MPa，然后分别调节针形阀，使各路流量达到需要值。

（6）氢气调节　直接调节两路稳压阀，并从压力表上查看压力。

仪器附带氢气压力－流量曲线，空气圈数－流量曲线。

2. 气体流量的测量　皂膜流量计测得的流量只是检测器出口的流量，要想得到检测器内的流量，还应经过温度校正：T_D 为检测器的使用温度，T_0 为室温，F 为皂膜流量计测得的流量。注意测量 FID 的氢气和空气流量时，应不点火焰。

$$F_C = \frac{273 + T_D}{273 + T_0}$$

一、FID 检测器操作条件及注意事项

1. 气体流速　检测器需用各种不同的气体：载气、氢气和空气，由于毛细管柱的柱内载气流量太低（常规柱为 $1 \sim 5\text{ml/min}$），不能满足检测器的最佳操作条件，所以使用毛细管柱时要采用辅助气（尾吹气），即在色谱柱后增加一路载气直接进入检测器，就可保证检测器在高灵敏度状态下工作，尾吹气的另一个重要作用是消除检测器死体积的柱外效应。一般情况下，氮气（尾吹气载气）、空气和氢气三者的比例接近或等于 $1:10:1$（如：氮气 $30 \sim 40\text{ml/min}$，空气 $300 \sim 400\text{ml/min}$，氢气 $30 \sim 40\text{ml/min}$）时，FID 的灵敏度最高。

2. 检测器温度　温度对 FID 检测器的灵敏度和噪声的影响不显著，为防止检测器被污染，检测器温度设置应不低于色谱柱实际工作的最高温度，一般情况下，检测器的温度不应低于 150℃。

二、TCD 操作条件及注意事项

1. 检测器温度和载气流速的波动影响稳定性，故必须稳定。检测器温度一般设定与柱温相同或高于柱温。

2. 载气种类对 TCD 的灵敏度影响较大。原则上讲，载气与被测物的传热系数之差越大越好，故理想的载气为氢气。若不需高灵敏度时，也可采用氮气。氢气的热导系数大，也可作为分析某些品种的载气，但必须注意通风和安全。

3. 在检测器通电之前，一定要确保载气已经通过了检测器，否则，热丝就有可能被烧断。同时，关机时一定要先关检测器电源，然后关载气。任何时候进行有可能切断通过 TCD 的载气流量的操作，都要先关闭检测器电源。

4. 载气中含有氧气时，会使热丝寿命缩短，所以，用 TCD 时载气必须彻底去氧。而且不要使用聚四氟乙烯作载气输送管，因为它会渗透氧。

三、检测器清洗

FID 检测器往往由于固定液流失及样品在喷嘴燃烧后产生积碳，或使用硅烷化衍生试剂沉积二氧化硅，污染检测器，喷嘴内径变小，造成点火困难，检测器线性范围变窄，收集极表面也沉积二氧化硅，使检测器灵敏度下降，故最好定期卸下检测器喷嘴和收集极进行清洗，具体方法是先用通针（游丝）通喷嘴，必要时用金相砂纸打磨，然后再依次用洗涤剂、水超声清洗。在 $100 \sim 120℃$ 温度烘干。收集极也按上述方法清洗，注意在拆卸喷嘴和收集极时，要戴上手套，避免直接用手拿喷嘴和收集极。

四、柱的老化、维护与保存

1. 填充柱的老化 填充好的柱应进行老化处理才能使用，老化的目的是除去填充物中残留挥发性成分，并使固定液再一次均匀牢固地分布在载体表面上，久未使用的色谱柱在重新使用前亦需再作老化处理，一般处理方法是将柱装入色谱仪中使载气缓缓通过色谱柱，然后在高于正常温度 $20 \sim 50℃$ 而不超过固定液最高使用温度时加热 24h。为了避免柱污染检测器，在老化过程中不要将柱出口与检测器相接，让其放空，如有条件，可以用程序升温方法老化柱，效果更好（以每分钟 $2 \sim 5℃$ 的速率把温度升高到老化温度保持 $12 \sim 24h$）。有些硅酮类的固定液如 SE30，可用一种特殊的顺序增强惰性及柱效，即保持 $250℃$ 柱温 1h，同时通氮气除去氧和溶剂，停止通氮气，加热至 $340℃$，维持 4h，然后降温至 $250℃$。通氮气老化直至基线稳定，如测定易分解的生物碱（如硫酸阿托品）含量时，色谱柱必须经过这样处理减少活性，否则产生色谱峰拖尾和组分分解。

2. 毛细管柱的老化 与填充柱一样，新毛细管柱需要老化，以除去残留溶剂及低分子量的聚合物。此外，用过的柱也应定期老化，尤其是出现基线漂移，某些色谱峰开始拖尾时，应该进行老化以除去样品中的难挥发物在柱头的积累。在比最高分析温度高 $20℃$ 或最高柱温（温度更低者）的条件下老化柱子 2h，如果在高温 10min 后背景不下降，立即将柱子降温并检查柱子是否有泄漏。如果使用 Vespel 密封圈，老化后应重新检查密封程度。

3. 维护与保存 为了延长柱的使用寿命，要用高纯度的载气，载气中的氧气含量不宜高于 $1 \times 10^{-6} g/g$，并且利用净化器除去较低级别气体中的氧气和碳氢化合物杂质，定期更换气体净化器填料，要及时更换毛细管柱密封垫以确保整个系统必须没有泄漏，并且要确保样品中不存在非挥发性物质，因为氧和污染物对固定液的分解有催化作用，会导致柱流失增强。毛细管柱的前端及末端数厘米最易损坏，如不挥发物的积累，进样溶剂的侵蚀，高温以及机械损伤等。可以在装柱之前切除这段受损害的部分，由于长度仅几厘米，不至于影响总的柱效，切除时切口应平整。毛细管柱如不使用，应小心存放，可用硅橡胶块将两端封闭，置于盒中。常用填充色谱柱见表 5 – 2。

表 5 – 2 常用填充色谱柱

固定液	级别	最高使用温度	应用范围
邻苯二甲酸二壬脂（DNP）	+2	100℃	中等极性
甲苯基甲基硅氧烷（OV – 17）	+2	350 ℃	中等极性
甲基硅橡胶（SE – 30，OV – 1）	+1	350 ℃	非极性

续表

固定液	级别	最高使用温度	应月范围
聚乙二醇（PEG-20M）	+3	250 ℃	氢键型化合物
二乙烯苯，苯乙烯共聚（GDX203）	极性很弱	270 ℃	微量水分（也可以非极性、极性化合物）

技能训练一　气相色谱仪的主要性能检查与测定

【预习思考】

1. 气相色谱仪的基本结构。

2. 气相色谱法的一般使用方法。

3. 气相色谱仪的气路的检漏方法、检测器的灵敏度及检测限的测定。

4. 气相色谱法的系统适应性试验。

【实训目标】

1. 知识目标　仪器基本结构。

2. 职业关键能力　气相色谱仪的性能要求和检查方法及使用。

3. 素质目标　让学生什么是行业职业道德规范。

【实训用品】

1. 仪器　气相色谱仪、微量注射器（5μl）、载气（高纯氮）、氢气、空气。

2. 试剂　苯（A.R）、0.05%苯的二硫化碳溶液、苯-甲苯溶液（1:1）。

【实训方案】

（一）实训形式

试液配制、仪器准备、仪器使用、实训记录等，分成4人一组，进行合理分工。

（二）实训过程

配制溶液 → 设置色谱条件 → 性能鉴定 → 记录与计算 → 数据处理 → 结果与判定

（三）实训前准备

1. 试剂准备　苯（A.R），0.05%苯的二硫化碳溶液，苯-甲苯溶液（1:1）。

2. 仪器准备　检查仪器，开机做好实训前准备。

【实训操作】

（一）气路密封性检查

1. 快速检漏法　在系统内通入载气，将压力调节至使用压力的2~3倍，然后直接将皂液涂在各接头处，观察有无气泡出现，若有气泡出现，则证明该处漏气，查处漏气的地方后排除漏气，必要时可更换密封垫。

2. 系统检漏法　上述无法查出漏气地方时，可采用系统检漏法，用合适的堵头堵住系统的出口，将压力调至使用压力的2~3倍，平衡2~3min。关断进气，若发现压力下降很快，证明该系统漏气，使用以上方法逐断检查查明漏气的地方。如气化室至检测器出口间的漏气：接好色谱柱，开启载气，输出压力调在0.2~0.4MPa，关载气稳压阀，待半小时后仪器压力表指示的压力降小于 0.005MPa，说明此段不漏气。

（二）检测器的灵敏度及检测限的测定

1. 热导检测器的灵敏度及检测限的测定

（1）实验条件

色谱柱：DNP/6201（15%~20%），2m；

柱温：80℃±5℃；

载气：H_2；

载气流速（Fc）：44ml/min；

柱前压：37.3kPa（0.38kg/cm^2）；

气化室温度：120℃；

检测器温度：80℃±5℃或90℃±5℃；

桥流：130mA；

样品：苯（A.R），进样量0.5μl。

（2）操作步骤

连接管路 → 调节载气流量 → 开主机 → 调节温度 → 打开桥流 → 参数设置 → 测量

用微量注射器进样，每次进样0.5μl苯，重复进样3次，取平均值。

（3）计算

①热导检测器的灵敏度（S_g）

$$S_g = \frac{A \cdot C_1 \cdot C_2 \cdot C_3}{W} \qquad （单位为 mV \cdot ml/mg）$$

式中，A 为峰面积，$A = 1.065 \cdot h \cdot W_{1/2} \cdot K$（cm^2）；

C_1 为记录器的灵敏度（mV/cm）；

C_2 为记录纸速的倒数（min/cm）；

C_3 为柱出口载气流速，$C_3 \approx F_c (1 + P)$，P 为柱前压力；在本实验条件下，$C_3 \approx 44 (1 + 0.38)$ ml/min；

W 为样品的重量（mg），$W = V \times d$，在本实验条件下，$W = 0.5 \times 0.88$（苯的相对密度）。

②热导检测器的检测限（D_g）

$$D_g = \frac{2N}{S_g} \qquad （单位为 mg/ml）$$

式中，N 为仪器噪声，$N = 0.01mV$。

2. 氢焰离子化检测器的灵敏度及检测限的测定

（1）实验条件

载气：N_2；

载气流速：30~40ml/min；

燃气：H_2，$H_2/N_2 = 1/1$；

助燃气：空气，$H_2/$空气 $= 1/5 \sim 1/10$；

检测器温度：120℃；

样品：0.05%苯的二硫化碳溶液，进样量0.5μl；

其他条件同热导检测器。

（2）操作步骤

$$\boxed{气路连接}\rightarrow\boxed{调节载气流量}\rightarrow\boxed{开主机}\rightarrow\boxed{调节温度}\rightarrow\boxed{调节灵敏度及零点}\rightarrow$$

$$\boxed{调节空气}\rightarrow\boxed{调节氢气点火}\rightarrow\boxed{测量}$$

用微量注射器吸取0.05%苯的二硫化碳溶液0.5μl，进样。测量色谱图上色谱峰的峰高及半峰宽。重复进样3次，取平均值。

（3）计算

氢焰离子化检测器的灵敏度（S_t）：

$$S_t = \frac{A \cdot C_1 \cdot C_2 \cdot 60}{W} \qquad （单位为 mV \cdot s/g）$$

氢焰离子化检测器的检测限（D_t）：

$$D_t = \frac{2N}{S_t} \qquad （单位为 g/s）$$

（三）系统适用性试验

1. 实验条件及操作步骤 按照热导检测器的灵敏度及检测限的测定项下的色谱条件及操作步骤，选用苯–甲苯（1:1）溶液为样品，进样0.5μl，重复测定3次。

2. 计算

色谱柱的理论塔板数（n）：

$$n = 5.54 \left(\frac{t_R}{W_{1/2}}\right)^2$$

分离度（R）：

$$R = \frac{2(t_{R_2} - t_{R_1})}{W_1 + W_2} \qquad （R 应大于 1.5）$$

对称因子（f_s）或拖尾因子（T）：

$$T = \frac{W_{0.05h}}{2d_1} \qquad （T 值应为 0.95 \sim 1.05）$$

式中，$W_{0.05h}$为0.05峰高处的峰宽；

d_1为峰极大值时至前沿峰之间的距离。

【实训现象、数据处理与结果、小结与评议】

（一）现象

（二）数据处理与结果

1. 热导检测器的灵敏度及检测限的测定

热导检测器的灵敏度及检测限的测定数据记录如下。

参数\次数	t_R （min）	h （cm）	$W_{1/2}$ （cm）	A （cm²）
I				
II				
III				
平均值		/	/	

热导检测器的灵敏度（S_g）：

$$S_g = \frac{A \cdot C_1 \cdot C_2 \cdot C_3}{W}$$

热导检测器的检测限（D_g）：

$$D_g = \frac{2N}{S_g}$$

2. 氢焰离子化检测器的灵敏度及检测限的测定

氢焰离子化检测器的灵敏度及检测限的测定数据记录如下。

参数\次数	t_R （min）	h （cm）	$W_{1/2}$ （cm）	A （cm²）
I				
II				
III				
平均值		/	/	

氢焰离子化检测器的灵敏度（S_t）：

$$S_t = \frac{A \cdot C_1 \cdot C_2 \cdot 60}{W}$$

氢焰离子化检测器的检测限（D_t）：

$$D_t = \frac{2N}{S_t}$$

3. 系统适用性试验

系统适用性试验数据记录如下。

参数\次数	苯的色谱峰				甲苯的色谱峰			
	t_{R_1} （min）	W_1 （cm）	$W_{1/2}$ （cm）	h_1 （cm）	t_{R_2} （min）	W_2 （cm）	$W_{1/2}$ （cm）	h_2 （cm）
I								
II								
III								
平均值								

$$n = 5.54 \left(\frac{t_R}{W_{1/2}}\right)^2 \qquad R = \frac{2 （t_{R_2} - t_{R_1}）}{W_1 + W_2} \qquad T = \frac{W_{0.05h}}{2d_1}$$

（三）实训后小结及评议

 **特别提示**

1. 仪器开机之前，务必保证气路系统密封良好。在进行气路密封性检查时，切勿用强碱性肥皂水探漏，以免管道受损。

2. 使用热导检测器时，不通载气，不能加桥流；关闭时，先关热导池电源，后关载气。以避免热导池中的钨丝烧坏。

3. 使用氢焰离子化检测器时，必须用高纯度的载气，不点火严禁通 H_2，通 H_2 后要及时点火。

4. 在进行灵敏度及检测限测定时，样品进样量务求准确，最好使用 $0.5 \sim 3\mu l$ 无死角注射器。

5. 检测器温度一般应比柱温高 $25 \sim 50℃$，气化室温度应比样品组分的最高沸点高 $25℃$ 左右。

 **课外延伸**

1. 如何检查气相色谱气路系统是否漏气？

2. 如何选择柱温、气化室温度和检测器的温度？

3. 常用检测器的主要性能有哪些，各有何特点？

4. 系统适用性试验包括哪几项内容，如何评价？

5. 行业职业道德规范指的是什么？对高职生有什么意义？

 **素质教育**

> **行业职业道德规范：**是本行业从业人员必须遵守的行为规范，是职业道德基本规范在这一行业的具体化。
> **行业职业道德规范的意义：**①有助于从业者对职业道德规范的理解；②有助于对从业者对职业活动中的实践；③有助于从业者以此为依据来规范自己的职业行为。

技能训练二　气相色谱定性参数的测定及混合烷烃含量测定

【预习思考】

1. 色谱定性参数（保留值）的测定方法及定性方法。
2. 色谱定量参数（相对重量校正因子）的测定方法及归一化法定量分析方法。

【实训目标】

1. 知识目标　保留值定性方法、定量参数的测定方法及归一化定量方法。

2. 职业关键能力　GC 色谱仪的使用，TCD 的开关机步骤。

3. 素质目标　让学生了解行业职业特征，为自己胜任职业岗位做好充分准备。

【实训用品】

1. 仪器　气相色谱仪、微量注射器（10μl）。

2. 试剂　正己烷（A.R）、正庚烷（A.R）、正辛烷（A.R）。

【实训方案】

（一）实训形式

试液配制、仪器检漏、仪器使用、实训记录等，分成 4 人一组，进行合理分工。

（二）实训过程

$\boxed{配制溶液} \rightarrow \boxed{设置色谱条件} \rightarrow \boxed{测定色谱图} \rightarrow \boxed{记录与计算} \rightarrow \boxed{数据处理} \rightarrow \boxed{结果与判定}$

（三）实训前准备

1. 试剂准备

（1）混合标准液　取一洁净干燥的青霉素小瓶，准确称其重量，加入约 10 滴正己烷，再准确称其重量计算加入正己烷的量（m_i）。以同样方法，分别再依次向青霉素小瓶中加入约 10 滴正庚烷、正辛烷，并记录各自加入的准确重量（m_i）。盖上胶盖，混匀，供测定校正因子使用。

（2）样品溶液的制备　分别精密移取正己烷、正庚烷、正辛烷纯试剂各 1ml 于具塞试管中，混匀，即为混合烷烃样品溶液。

2. 仪器准备

色谱条件如下。

载气：H_2；

载气流速：30～40ml/min；

色谱柱：15% DNP 柱，102 白色载体，2m；

柱温：80℃；

气化室温度：130℃；

检测器：TCD（热导池）温度 90℃，桥流 130mA；

仪器衰减：1/1；

纸速：1cm/s。

检查仪器，做气密性检查设置仪器参数做好实训前准备。

【实训操作】

（一）保留值的测定

在上述色谱条件下，用微量注射器每次分别吸取正己烷、正庚烷、正辛烷纯试剂各 $1\mu l$ 及空气 $5\mu l$，进行气相色谱分析。记录各组分峰（包括空气峰）的保留时间（t_R）。计算各组分的调整保留时间（t_R'）。

（二）校正因子的测定

微量注射器吸取上述混合标准液 $2\mu l$，在完全相同的实验条件下进行分析，记录各色谱峰的峰面积，以正庚烷为基准（s），计算各组分的校正因子（f_i）。

（三）样品含量测定

在上述色谱条件下，进样 $2\mu l$ 样品溶液，微量注射器中空气泡无需排除。记录各组分的半峰宽（$W_{1/2}$）、峰高（h）及峰面积（A_i）。重复进样 3 次，取其平均值，根据归一化法求出各组分的百分含量。

【实训现象、数据处理与结果、小结与评议】

（一）现象

（二）数据处理与结果

1. 保留值的测定

	t_R（min）	t_R'（min）
空气		
正己烷		
正庚烷		
正辛烷		

2. 校正因子的测定

	m_i（g）	h（cm）	$W_{1/2}$（cm）	A_i（cm^2）	f_i
正己烷					
正庚烷					1
正辛烷					

$$f_i = \frac{m_i/A_i}{m_s/A_s}$$

3. 样品测定

		Ⅰ	Ⅱ	Ⅲ	平均值 A_i（cm^2）
正己烷	h（cm）				
	$W_{1/2}$（cm）				
	A_i（cm^2）				

续表

		I	II	III	平均值 A_i（cm²）
正庚烷	h（cm）				
	$W_{1/2}$（cm）				
	A_i（cm²）				
正辛烷	h（cm）				
	$W_{1/2}$（cm）				
	A_i（cm²）				

各组分 i 的百分含量：

$$c_i\% = \frac{A_i f_i}{\sum A_i f_i} \times 100\%$$

（三）小结与评议

特别提示

1. 测定过程中应尽量保持色谱条件恒定，如柱温、柱压、载气流速等。
2. 测量校正因子时，所用试剂要纯。
3. 绘制流出曲线的基线要平直；峰高与半峰宽的测量要准确，以保证所测得的峰面积的准确性。

课外延伸

1. 简述归一化法定量分析的优点和局限性。
2. 为什么说采用归一化法进行定量分析时，进样量准确与否不影响测定结果。
3. 结合自己的职业了解行业职业道德规范的特征。

素质教育

> **行业职业道德规范的特征：**
> 1. 行业职业道德规范与对其社会承担的责任相联系；
> 2. 行业职业道德规范是多年积淀的产物；
> 3. 行业职业道德规范是具象与抽象的产物；
> 4. 行业职业道德规范与从业人员利益一致。

技能训练三 气相色谱法测定无水乙醇中微量水分的含量

【预习思考】

1. 色谱分析中内标法定量的原理及其计算。
2. 气相色谱法在微量水分测定中的应用。

【实训目标】

1. 知识目标 色谱分析中内标法定量的原理及其计算。

2. 职业关键能力 进一步巩固 GC 色谱仪使用。

3. 素质目标 学习部分行业职业道德规范，让学生感受未来行业的要求。

【实训用品】

1. 仪器 气相色谱仪（或其他型号气相色谱仪）、微量注射器（10μl）。

2. 试剂 无水乙醇（A.R 或 C.R）、无水甲醇（A.R）。

【实训方案】

（一）实训形式

试液配制、仪器检漏、仪器使用、实训记录等，分成 4 人一组，进行合理分工。

（二）实训过程

$$\boxed{\text{配制溶液}} \to \boxed{\text{设置色谱条件}} \to \boxed{\text{测定色谱图}} \to \boxed{\text{记录与计算}} \to \boxed{\text{数据处理}} \to \boxed{\text{结果与判定}}$$

（三）实训前准备

1. 试剂准备 样品溶液的制备：准确移取待测无水乙醇 100ml，精密称定其重量（$m_{样}$）。另用减重法精密称取无水甲醇约 0.259（$m_{甲醇}$），加入到已称重的无水乙醇中作内标物，混匀，供分析用。

2. 仪器准备

色谱条件如下。

载气：H_2；

载气流速：$40 \sim 50$ml/min；

色谱柱：上海试剂一厂 401 有机载体，天津试剂二厂 GDX–203 固定相，2m；

柱温：120℃；

气化室温度：150℃；

检测器：TCD（热导池）温度 140℃，桥流 150mA；

纸速：1cm/min。

仪器检漏，设置色谱条件做好实验前准备。

【实训操作】

用微量注射器吸取上述样品溶液 $6 \sim 10$μl，进行分析，记录色谱图，准确测量水分及甲醇的峰高及半峰宽，用内标法求算样品中杂质水分的含量。

【实训现象、数据处理与结果、小结与评议】

（一）现象

（二）数据处理与结果

	m（g）	t_R（min）	h（cm）	$W_{1/2}$（cm）	A（cm^2）	$f_{g(h)}$	$f_{g(A)}$
H$_2$O（待测物）						0.224	0.55
甲醇（内标物）						0.340	0.58

1. 用峰面积及其重量校正因子计算含水量

$$H_2O\% = \frac{A_{H_2O} \times 0.55}{A_{甲醇} \times 0.58} \cdot \frac{m_{甲醇}}{100} \times 100\% \qquad (W/V)$$

$$H_2O\% = \frac{A_{H_2O} \times 0.55}{A_{甲醇} \times 0.58} \cdot \frac{m_{甲醇}}{m_{样}} \times 100\% \qquad (W/W)$$

2. 用峰高及其重量校正因子计算含水量

$$H_2O\% = \frac{h_{H_2O} \times 0.244}{h_{甲醇} \times 0.340} \cdot \frac{m_{甲醇}}{100} \times 100\% \qquad (W/V)$$

$$H_2O\% = \frac{h_{H_2O} \times 0.244}{h_{甲醇} \times 0.340} \cdot \frac{m_{甲醇}}{m_{样}} \times 100\% \qquad (W/W)$$

（三）小结与评议

1. 在配制样品液时，如只求体积的百分含量，则无需精密称量无水乙醇样品；如只需求重量百分含量，则无需准确量取无水乙醇样品的体积。

2. 仪器衰减开始可设定在 1/1 处，此时灵敏度最高，以便对微量组分的水及甲醇能准确测量；当甲醇流出后可调至 1/8 处，以免主成分乙醇峰过大，使分析时间过长。

1. 预测本实验的色谱峰出峰顺序，并说明为什么按此顺序出峰？

2. 定量分析时，什么情况下宜采用峰高定量？什么情况下宜采用峰面积定量？

3. 热导池检测器中载气流速与峰高、峰面积的关系如何？内标法中以峰面积定量时，为何载气流速的变化对测定结果影响较小？

全国技术监督职业道德规范、科技和检测技术检验、检定、测试人员职业道德规范中规定如下。

1. 科学求实，公正公平。遵循科学求实原则，检测要公正公平，数据要真实、准确报告规范，保证工作质量。

2. 程序规范，注重时效。根据技术监督法规、标准、规程从事科技和检测不推不拖讲求时效，热情服务注重信誉。

3. 秉公检测，严守秘密。严格按照规章制度办事，工作认真负责遵守纪律，保守技术、资料秘密。

4. 遵章守纪，廉洁自律。严格按照规定范围检测，不拘私情遵守财经纪律，执行国家及省级物价部门批准的收费标准。

技能训练四　气相色谱法测定酊剂中乙醇的含量

【预习思考】

1. 氢火焰检测器的工作原理及使用注意事项。

2. 氢焰检测器在含水样品的微量有机组分测定中的应用。

3. 熟悉内标对比法的特点及其测定方法。

【实训目标】

1. **知识目标**　氢火焰检测器工作原理、内标对比法的特点及其测定方法。

2. **职业关键能力**　氢火焰检测器的开关机步骤。

3. **素质目标**　学习池州市药品检验所基本职业道德规范。

【实训用品】

1. **仪器**　气相色谱仪、微量注射器（1μl）、移液管（5ml，10ml）、容量瓶（100ml）。

2. **试剂**　无水乙醇（A.R）、无水丙醇（A.R）、酊剂样品。

【实训方案】

（一）实训形式

试液配制、仪器检漏、仪器使用、实训记录等，分成4人一组，进行合理分工。

（二）实训过程

配制溶液 → 设置色谱条件 → 测定色谱图 → 记录与计算 → 数据处理 → 结果与判定

（三）实训前准备

1. 试剂准备

（1）标准溶液的配制　准确移取无水乙醇 5.00ml 及无水丙醇 100ml 容量瓶中，加水稀释至刻度，摇匀。$(c_i\%)_标 = 5.00\%$。

（2）样品溶液的配制　准确移取酊剂样品 10.00ml 及无水丙醇 100ml 容量瓶中，加水稀释至刻度，摇匀。

2. 仪器准备

色谱条件如下。

载气：H_2；

载气流速：30ml/min；

空气流速：400ml/min；

色谱柱：上海试剂一厂 102 白色载体，10% PEG－20M（聚乙二醇 2000），2m；

柱温：90℃；

气化室温度：140℃；

检测器：FID（氢焰），温度 120℃；

纸速：1cm/min。

检查仪器，仪器检漏、设置仪器参数做好实训前准备。

【实训操作】

样品测定　待基线平稳后，将标准溶液和样品溶液分别进样 0.5μl，记录色谱图上各组分的峰高及半峰宽。

【实训现象、数据处理与结果、小结与评议】

（一）现象

（二）数据处理与结果

组分＼参数		t_R（min）	h（cm）	$W_{1/2}$（cm）	A（cm）^{2}	A_i/A_s	$c_乙醇\%$
标准溶液	乙醇						$(c_乙醇\%)_标 = 5.00\%$
	丙醇						
样品溶液	乙醇						$(c_乙醇\%)_样 =$
	丙醇						

1. 峰面积的计算

$$A = 1.065 \cdot h \cdot W_{1/2}$$

2. 用峰面积计算乙醇含量

$$(c_乙醇\%)_{样品} = \frac{(A_i/A_s)_样 \times 10}{(A_i/A_s)_标} \times 5.00\%$$

式中，"10"为样品稀释倍数。

3. 用峰高计算乙醇含量

$$(c_{乙醇}\%)_{样品} = \frac{(h_i/h_s)_{样品} \times 10}{(h_i/h_s)_{标}} \times 5.00\%$$

式中，"10"为样品稀释倍数。

（三）小结与评议

1. 内标对比法：其方法是先配制待测组分 i 的已知浓度的标准溶液，并加入一定量内标物 S（相当于测定校正因子）；再按相同比例于待测样品溶液中加入内标物。标液和样液在同一色谱条件下进行色谱分析，根据所测得的各自的峰面积之比与相应浓度之间的关系求算样品含量。内标对比法的特点是不必测定校正因子，也无需准确进样，特别适合于通常不知校正因子的药品的含量分析。

2. 微量注射器在使用前后均应用丙酮等溶剂反复清洗。

3. FID 属于质量型检测器，其响应值（峰高 h）取决于单位时间内引入检测器的组分质量。当进样量一定时，峰面积与载气流速无关，但峰高与载气流速成正比，因此当用峰高定量时，须保持载气流速稳定。但在内标法中由于所测参数为组分峰响应值之比（即相对响应值），故以峰高定量时载气流速变化对测定结果的影响较小。

1. 简答内标对比法。

2. 氢焰检测器的使用注意什么？

素质教育

池州市药品检验所基本职业道德规范

1.热爱检验事业，牢固树立为人民健康服务的思想，树立高度的职业责任感。

2.自觉遵守《药监、药检人员工作守则》，严把药品质量关，坚持客观、公正、科学、严谨的办事原则，不弄虚作假。

3.自觉遵守劳动纪律，不迟到、不早退，不擅自离岗，工作时间不做与工作无关的事。

4.按规定着装，衣着整洁，仪表端庄，语言文明，平等待人，热情服务，服从安排，顾全大局。

5.清正廉洁，秉公办事，不以权谋私，徇私枉法，不得在药品生产和经营企业兼职，不准从事影响公正检验的其他活动。

6.认真学习贯彻《药品管理法》及其相关法规，严格遵守药检工作的规章制度和办事程序，公开办事原则及收费标准。

7.尊重同行，团结协作，相互支持、帮助，自觉维护集体荣誉，不骄傲自大，贬低别人，保守秘密，严禁擅自泄露送检单位提供的技术资料和检测参数。

技能训练五　气相色谱法测定维生素 E 的含量

【预习思考】

1. 气相色谱法测定维生素 E 含量的原理和方法。

2. 校正因子定义及测定。

3. 内标法的定量方法。

【实训目标】

1. 知识目标　气相色谱法测定维生素 E 含量的原理和方法、校正因子定义及测定。

2. 职业关键能力　校正因子测定、系统性试验测定、维生素 E 含量测定

3. 素质目标　通过医药职业道德基本规范的学习，使学生做好准职业的心理准备。

【实训用品】

1. 仪器　气相色谱仪、微量注射器。

2. 试剂　正三十二烷、正己烷、维生素 E 对照品、维生素 E 供试品、苯。

【实训方案】

（一）实训形式

试液配制、仪器检漏、仪器使用、实训记录等，分成 4 人一组，进行合理分工。

（二）实训过程

配制溶液 → 设置色谱条件 → 测定色谱图 → 记录与计算 → 数据处理 → 结果与判定

（三）实训前准备

1. 试剂准备

（1）内标溶液　取正三十二烷适量，加正己烷溶解并稀释成每1ml中含1.0 mg的溶液，摇匀，作为内标溶液。

（2）对照品溶液　另取维生素E对照品约20mg，精密称定，置棕色具塞锥形瓶中，精密加入内标溶液10ml，密塞，振摇使溶解。

（3）供试品溶液　取维生素E供试品约20mg，精密称定，置棕色具塞锥形瓶中，精密加入内标溶液10ml，密塞，振摇使溶解。

2. 仪器准备

色谱条件为：以硅酮（OV－17）为固定相，涂布浓度为2%．柱温为265℃。用氢火焰离子化检测器。

检查仪器，仪器检漏做好实训前准备。

【实训操作】

（一）系统适用性试验

以气相色谱法测定维生素E含量。用硅酮（OV－17）为固定相，用氢火焰离子化检测器，内标物正三十二烷保留时间短，先出峰；维生素E的保留时间长，后出峰。理论板数按维生素E峰计算不低于500，维生素E峰与内标峰的分离度大于2。

（二）校正因子测定

取1~3μl上述对照品溶液注入气相色谱仪，计算校正因子。

（三）维生素E的含量测定

取维生素E供试品溶液1~3μl注入气相色谱仪，用内标加校正因子法测定维生素E的含量。计算，供试品含量应为96.0%~102.0%。

【实训现象、数据处理与结果、小结与评议】

（一）现象

（二）数据处理与结果

1. 系统适用性试验

	m_r（g）	A_r	f	n	R
正三十二烷					
维生素E					

$$f = \frac{A_s / m_s}{A_i / m_i}$$

式中，f为校正因子；A_s为内标物峰面积；A_r为对照品峰面积；m_s为内标物的质量；m_r为对照品的质量。

2. 维生素E的含量测定

$$维生素，\% = f \times \frac{A_i \times m_s}{A_s \times m_总} \times 100\%$$

式中，A_i 为供试品峰面积；m_i 为供试品的质量；m_s 为内标物质量；$m_总$ 为供试品质量。

（三）小结与评议

1. 气相色谱定量分析的方法有哪些？内标法有何优点？

2. 如果色谱柱的理论板数低于要求值，应改变哪些条件可提高柱效？

3. 气相色谱仪包括哪些基本部分？各有何作用？

4. 试述氢火焰离子化检测器原理，使用时应注意什么问题？

5. 按《中国药典》规定测定维生素 E 的含量。系统适用性试验得到的结果如下：称取 20.84mg 维生素 E 对照品，加入浓度为 1.004mg/ml 的内标正三十二烷溶液 10ml 溶解。取 1μl 注入气相色谱仪，测得下列数据。

	t_R（min）	$W_{h/2}$（min）	W（min）	h（min）
内标物	6.0	0.41	0.94	63.2
对照品	10.4	0.62	1.26	68.0

求维生素 E 对照品的理论板数，两峰的分离度和校正因子各为多少？

6. 如上题，另取维生素 E 供试品 20.02mg，加正三十二烷内标溶液 10ml 溶解，取 1μl 进样得到下列数据。

	$W_{h/2}$（min）	h（min）
供试品	0.58	64.5
内标物	0.41	63.2

求供试品中维生素 E 的百分含量。

医药职业道德基本规范

乐业是医药职业道德的首要条件；守法是医药职业道德的必然前提；

服务是医药职业道德的主要目标；诚信是医药职业道德的关键内容；

敬业是医药职业道德的本质规范；勤业是医药职业道德的基本保证；

能业是医药职业道德的根本手段；立业是医药职业道德的必然结果。

-------------------------- 检测与评价 --------------------------

一、知识题

（一）填充题

1. 气相色谱仪的型号和种类繁多，但它们的基本结构却是一致的，它们都是由_____六大部分组成。

2. 气相色谱仪的载气是载送样品进行分离的_____，常用的载气为_____、_____、_____。

3. 气体钢瓶供给的气体经减压阀后，必须经净化处理，以除去_____。

4. _____进样装置用于常压气体进样。

5. _____和_____是气相色谱仪中最常用的检测器。其中，_____属浓度型；_____属质量型。

6. 气相色谱仪的数据处理系统最基本的功能是将_____输出的模拟信号随_____的变化曲线画出来。

7. 色谱工作站是由一台微型计算机来实时控制色谱仪器，并进行_____和_____的一个系统。

8. 气相色谱仪的控制温度主要指对_____、_____、_____三处的温度控制。

9. 使用热导检测器进行色谱分析，开机时应先通_____；关机时，除应先切断_____外，还应等_____温度降至50℃以下时，再关闭气源。

10. 设置温度控制参数时，柱箱温度设置必须低于色谱固定液的_____温度；检测器温度的设置应保证样品在检测器中不_____，气化室进样器系统的温度设置应高于样品组分的_____，一般高于柱箱温度_____℃。

11. 开机使用 FID 时，必须先通_____、_____，再开温度控制。待检测器温度超过_____℃以上时，才能通氢气点火。

12. 使用 FID 点火时，可将氢气流量调在_____~_____MPa；点火后再慢慢将氢气流量调至_____~_____MPa。

（二）选择题

1. 装在高压气瓶的出口，用来将高压气体调节到较小压力是（　　　）

　　A. 减压阀　　　　　B. 稳压阀　　　　　C. 针形阀　　　　　D. 稳流阀

2. 下列试剂中，一般不用于气体管路的清洗的是（　　　）

　　A. 甲醇　　　　　B. 丙酮　　　　　C. 5% 氢氧化钠水溶液　　　　　D. 乙醚

3. 在毛细管色谱中，应用范围最广的柱是（　　　）

　　A. 玻璃柱　　　　　B. 石英玻璃柱　　　　　C. 不锈钢柱　　　　　D. 聚四乙烯管柱

4. 使用热导检测器时，为使检测器有较高的灵敏度，应选的载气是（　　　）

A. N_2 B. H_2 C. Ar   D. $N_2 - H_2$ 混合气

（三）问答题

1. 试说明气路检漏的方法。

2. 怎样清洗气路管路？

3. 气体流量的测量和调节过程中要注意哪些问题？

4. 如何清洗进样口？

5. 简述色谱柱的老化方法。

6. 简述气相色谱柱的日常维护。

7. 简述使用 TCD 时，仪器开、关机的次序。

8. 简述使用 FID 时，仪器开、关机的次序。

9. TCD 的日常维护要注意哪些问题？

10. 试说明氢焰检测器的日常维护应注意哪些方面？

11. 使用微量注射器应注意哪些问题？

12. 氢火焰点不燃的可能原因是什么？如何排除？

13. 了解医药行业职业道德基本规范具体内容要求，课下收集身边的例子，分析他们的事迹所体现的行业职业道德。

二、操作技能考核题

（一）题目

内标法定量测定试样中甲苯含量。

（二）考核要点

1. 气体发生器、减压阀、稳压阀、稳流阀等的使用及气路的检漏。

2. 标准溶液配制。

3. 仪器开机和工作条件的调试。

4. 进样操作。

5. 色谱数据处理机（或色谱工作站）的使用。

6. 仪器的关机操作。

（三）仪器与试剂

1. 仪器 气相色谱仪，色谱柱（DNP 柱，2m），FID 检测器，色谱数据处理机（或工作站），氢气、氮气钢瓶，空气压缩机，微量注射器（1μl），两支 1ml 通用注射器，两个试剂瓶（青霉素瓶）。

2. 试剂 苯、甲苯（G.C 级）、甲苯试样（CP）、丙酮。

（四）实验步骤

1. 配制标准溶液 取一个干燥洁净带胶塞的试剂瓶，称其质量（准确至 0.001g，下同），用医用注射器吸取 1ml 色谱纯甲苯注入小瓶内，然后称量，计算甲苯质量；再用另一支注射器取 0.2ml 苯（G.C 级）注入瓶内，再称量，求出瓶内苯的质量，摇匀备用。

2. 配制甲苯试样溶液 另取一干燥洁净的试剂瓶，先称出瓶的质量，然后用注射器吸取 1ml 甲苯试样，注入瓶中，称出（瓶 + 甲苯）质量，再求出甲苯试样质量；然后再用注射器吸取 0.1ml 色谱纯的苯（内标物），称量后计算出加入苯的质量，摇匀。

3. 仪器的开机和调试 按规范开机并调试至正常工作状态。

色谱条件如下。

载气（氮气）：20 ~ 30ml/min；

柱温：90 ~ 95℃；

气化室温度：120℃；

检测器温度：110℃；

空气：500 ~ 600ml/min；

氢气：20 ~ 30ml/min。

4. 设置参数 打开色谱数据处理机（或色谱工作站），设置各种参数。

5. 标准溶液的分析 待基线稳定后，用微量注射器注入 0.2 ~ 0.4μl 标准溶液，待色谱图走完后记录样品名对应的文名，打印出色谱图及分析测定结果并记录实验操作条件。重复操作 3 次。

6. 试样的分析 用微量注射器注入 0.2 ~ 0.4μl 的甲苯试样溶液，待色谱图走完后记录样品名和对应的文件名，打印出色谱图及分析测定结果。重复操作两次。

7. 结束 关机及实验结束工作。

8. 数据处理 进行数据处理，报出结果（甲苯的质量分数）。

三、技能考核评分表

《仪器分析》操作评分细则

项目	考核内容	分值	扣分标准		扣分说明	扣分	得分
（一）气体发生器使用（14分）	配制电解液	4	正确	0			
			不正确	4			
	发生器后面板上气体输出口漏气检查	4	正确	0			
			不正确	4			
	发生器使用正确	6	正确	0			
			不正确	6			
（二）色谱柱安装、仪器检漏（20分）	色谱柱进口与气化室出口安装	4	正确	0			
			不正确	2			
	色谱柱出口与检测器的安装	4	正确	0			
			不正确	4			
	发生器至减压阀间检漏	4	正确	0			
			不正确	4			
	气源至色谱柱间检漏	4	正确	0			
			不正确	4			
	气化室至检测器出口间检漏	4	正确	0			
			不正确	4			

续表

项目	考核内容	分值	扣分标准		扣分说明	扣分	得分
（三）开机调试（42分）	开机步骤	4	正确	0			
			不正确	4			
	载气流量调节	4	正确	0			
			不正确	4			
	温度调节	4	正确	0			
			不正确	4			
	点燃前燃气、助燃气调节	4	正确	0			
			不正确	4			
	点火操作	4	正确	0			
			不正确	4			
	点火后燃气调节	4	正确	0			
			不正确	4			
	基使电流调节	4	正确	0			
			不正确	4			
	衰减调节	4	正确	0			
			不正确	4			
	数据处理参数设置	10	正确	0			
			不正确	10			

高效液相色谱法

一、基础知识

高效液相色谱法（HPLC）创立于 20 世纪 60 年代末期，它是从经典液相色谱法和气相色谱法理论和实验技术的基础上发展起来的新型分离、分析技术。该法以高压输送的液体为流动相，采用高效微粒固定相及高灵敏度检测器等新技术，使得高效液相色谱法成为色谱法中应用最为广泛的一种分析方法。至今已成为药物分析研究中不可缺少的主要方法之一。

高效液相色谱法不受样品挥发性的限制，适宜分析沸点高、相对分子质量大，受热易分解的化合物、生物活性物质以及多种天然产物，这些化合物约占全部有机化合物的 80% 。

高效液相色谱仪是实现液相色谱分析的仪器设备，自 1967 年问世以来，由于采用了高压输液泵、全多孔微粒填充柱和高灵敏度检测器，实现了对样品的高速、高效和高灵敏的分离测定。

二、仪器结构

目前，HPLC 色谱仪的型号较多，但它们的基本结构都相似，其基本的组件是高压输液系统、进样系统、分离系统、检测系统、仪器控制和数据处理系统，其组成及工作流程如图 6 - 1 所示。

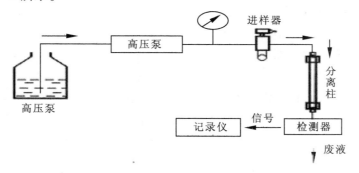

图 6 - 1　HPLC 仪器组成及工作流程

三、仪器操作规范

（一）操作前的准备

1. 流动相的制备　采用色谱纯溶剂，对试样有适宜的溶解度，溶剂黏度要小，流动相的 pH 与色谱柱匹配。凡规定 pH 的流动相，应使用精密 pH 计进行调节。配制好的流动相应通过适宜的 0.45μm 滤膜滤过，用前脱气。应配制足量的流动相备用。见表 6 - 1

表 6 - 1　流动相前处理

前处理	程　　序	目　　的
除杂	0.45μm 或更小孔径滤膜滤过	除去溶剂中的微小颗粒，避免堵塞色谱柱，尤其使用无机盐配制的缓冲液时
脱气	采用超生或脱气机对流动相操作	除去流动相因溶解或混合而产生的气泡（避免泵中形成气泡使液流波动；避免柱中气泡形成改变保留时间和峰面积；避免检测池中气泡形成和累积产生基线噪声）

2. 供试溶液的配制　使用流动相溶解样品，保证样品在流动相中的溶解度，避免样品在系统中尤其在柱中产生沉淀。定量测定时，对照品溶液和供试品溶液均应分别配制 2 份。供试品溶液在注入色谱仪前，一般应经适宜的 0.45μm 滤膜滤过。必要时，在配制供试品溶液前，样品需经预净化，以免对色谱系统产生污染或影响色谱分离。如果样品很脏，要使用 0.2μm 的膜进行过滤。

3. 检查上次使用记录和仪器状态　检查色谱柱是否适用于本次实验，色谱柱进出口位置是否与流动相的流向一致，原保存溶剂与现用流动相能否互溶，流动相的 pH 与该色谱柱是否相适用，仪器是否完好，仪器的各开关位置是否处于关断的位置。

（二）操作

1. 泵的操作

（1）用流动相冲洗滤器，再把滤器浸入流动相中，启动泵。

（2）打开泵的排放阀，用专用注射器从阀口抽出流动相约为 20μl，设置高流速（如 9ml/min）或用冲洗键 PURGE 进行充泵排气，观察出口处流动相呈连续液流后，将流速逐步回零或停止（STOP）冲洗，关闭排放阀。

（3）将流速调节至分析用流速，对色谱柱进行平衡，同时观察压力指示应稳定，用干燥滤纸片的边缘检查柱管各连接处应无渗漏。初始平衡时间一般约需 30min。如为梯度洗脱，应在程序器上设置梯度状态，用初始比例的流动相对色谱柱进行平衡。

2. 紫外 - 可见光检测器和色谱数据处理机的操作

（1）开启检测器电源开关，选择光源（氘灯或钨灯），选定检测波长。

（2）开启色谱处理机，设定处理方法。初步设定衰减、纸速、记录时间、最小峰面积等参数，或设定记录仪的纸速和衰减。

（3）进行检测器回零操作，检查处理机的电平，应符合要求，或检查记录仪的笔应处在设定的起始位置，如有变动，可继续回零操作直至符合要求。

（4）记录基线，待色谱系统充分稳定后，进行处理机斜率测试，符合要求后方能进行操作。

3. 进样操作（六通阀式进样器）

（1）把进样器手柄放在载样位置（LOAD）。

（2）用供试溶液清洗配套的注射器，再抽取适量，如用定量环（LOOP）载样，则注射器抽取量应不少于定量环容积的 5 倍，用微量注射器定容进样时，进样量不得多于环容积的 50%。在排除气泡后方能向进样器中注入供试品溶液。

（3）把注射器的平头针直插至进样器的底部，注入供试品溶液，除另有规定外，注射器不应取下。

（4）把手柄转至注样位置（INJECT），定量环内供试溶液即被流动相带入流路。

4. 色谱数据的收集和处理

（1）注样的同时启动数据处理机，开始采集和处理色谱信息。

（2）最后一峰出完后，应继续走一段基线，确认再无组分流出，方能结束记录。

含量测定的对照溶液和样品供试溶液每份至少注样 2 次，由全部注样结果（$n \geq 4$）求得平均值，相对标准偏差（RSD）一般应不大于 1.5%。

色谱系统适用性试验应符合《中国药典》的要求，如按指定峰计算的理论板数（n）和拖尾因子（T）以及相邻峰之间的分离度（R）。

5. 清洗和关机

（1）分析完毕后，先关检测器和数据处理机，再用经滤过和脱气的适当溶剂清洗色谱系统，正相柱一般用正己烷，反相柱如使用过含盐流动相，则先用水，然后用甲醇水冲洗，冲洗前先按［泵的操作（1）和（2）］操作，再用分析流速冲洗，各种冲洗剂一般冲洗 15 ～ 30min，特殊情况应延长冲洗时间。

（2）冲洗完毕后，逐步降低流速至关泵，进样器也应用相应溶剂冲洗，可使用进样器所附的专用冲洗接头。

（3）关断电源，作好使用登记，内容包括日期、检品、色谱柱、流动相、柱压、使用小时数、仪器使用前后状态等。

（三）高效液相色谱仪的维护

1. 液相色谱柱

（1）色谱柱的长期保存　反相柱可以储存于甲醇或乙腈中，正相柱可以储存于经脱水处理后的正己烷中，离子交换柱可以贮存于含 5% 甲醇或含 0.05% 叠氮化钠的水中，并将色谱柱两端的堵头堵上，以免干枯，室温保存。

（2）反相色谱柱每天实验后的保养　使用缓冲液或含盐的流动相，实验完成后应用 10% 的甲醇/水冲洗 30min，洗掉色谱柱中的盐，再用甲醇冲洗 30min。

（3）色谱柱的维修　色谱柱使用一段时间后，会发生柱压上升、柱效降低的现象。这主要是柱床上端或过滤片处积累了污染物，可通过再生予以消除。如果色谱柱性能突然变坏，可采取以下方法处理。

①如果柱压突然增大，可将色谱柱出、入口端颠倒过来，用 10 ～ 20 倍柱体积的流动相冲洗。如果柱压仍然很高，可能是柱入口处的过滤片堵塞，需要更换新滤片。

②如果峰形变坏（如出现肩峰或双峰），表明柱入口柱床可能有塌陷，可用同型号填料和流动相配成匀浆，将塌陷处填平。

（4）色谱柱的再生　正相柱按极性增大的顺序，依次用 20 ～ 30 倍柱体积的正己烷、二氯甲烷和异丙醇冲洗色谱柱，然后，按反顺序冲洗，最后用干燥的正己烷平衡；反相柱首先用蒸馏水冲洗，再分别用 20 ～ 30 倍柱体积的甲醇和二氯甲烷冲洗，然后按相反顺序冲洗，最后用流动相平衡；离子交换柱在低离子强度的缓冲液中长期使用会导致色谱柱失活，用稀酸缓冲液冲洗可使阳离子交换柱再生，而用稀碱缓冲液冲洗可使阴离子柱再生；氨基柱，分析糖类的氨基柱可用 0.02mmol/L 的磺酸溶液冲洗，然后用水平衡。

2. 高效液相色谱仪器故障处理

（1）故障的表现形式　部件的运转情况，如压力异常；从色谱图的异常情况，如保留时间、峰形。见表 6-2 至表 6-7。

表 6-2　压力高——"堵"

现象	判　断	故障排除
压力高	色谱柱性能下降	换柱
	溶剂贮液器中过滤器脏	清洗
	连接管路阻塞	冲洗，必要时更换
	进样阀阻塞	冲洗进样器
	流动相使用不恰当	使用恰当的流动相
	柱温太低	升高温度

表 6-3　压力低——"漏"

现象	判　断	故障排除
压力低	系统漏液	检查漏液位置并维修
	连接口太松	拧紧接口
	泵流速太低	设定正确的流速
	柱温过高	降低柱温

表 6-4　保留时间变化

现象	原　因
保留时间变化	流动相流速不稳
	流动相脱气不够充分
	进样体积太大或样品浓度太高
	液相系统分析样品时未达到平衡
	柱被污染
	室温波动大，使用柱温箱

表 6-5　峰形异常

现象	原　因			
峰前沿	柱性能下降；	保护柱失效；	进样体积太大或样品浓度太高；	出现两个或多个未被完全分离的物质的峰
峰变宽	柱性能下降；	保护柱失效；	进样体积太大或样品浓度太高；	出现两个或多个未被完全分离的物质的峰
峰分叉	柱性能下降；	保护柱失效；	进样体积太大或样品浓度太高；	样品溶剂不溶于流动相

表 6 - 6　峰拖尾

现　象	原　　因
峰拖尾	柱效下降或柱塌陷
	进样量大使得柱超载
	峰干扰，清洁样品
	碱性化合物的峰拖尾，硅胶表面存在的酸性硅醇基引起的，流动相中加入三乙胺
	分析酸性化合物时，改善峰形流动相中加入三氟乙酸或乙酸

表 6 - 7　峰变形

现　象	故障原因
无峰	检测器参数设置错误、检测器与数据处理装置连接故障；样品降解；自动进样器故障无样品注入
负峰	连接数据处理系统信号线接反；进样器注射进空气；使用的流动相吸收高
鬼峰	样品前处理时产生降解或混入杂质、流动相被污染；前一次进样的洗脱物污染；注射器脏、检测器污染、柱污染、管路污染、六通阀污染

（2）故障处理时的基本规则　①一次规则：当系统出了故障，你可以试探性地改变某些状态，一次可以改变一个参数；②取代规则：用好的部件换下可疑的部件，是查找故障的最好方法；③换回规则：这个规则和取代规则一起运用，好部件取代了可疑部件后情况并未得到改善，应重新换上原部件；④记录规则：这条规则往往被人忽视。应该在每次维护和故障排除后都作记录。每台仪器都应备有维修记录本，内容包括日期、故障部位、现象、产生的原因、解决的办法和结果等。

附：岛津高效液相色谱 LC 工作站 ［LabSolutions/LCsolution］

1. 开机　开机顺序：稳压电源、电脑、HPLC 开关。在电脑上开始操作。

（1）双击　（LCsolution）。启动"LCsolution Launcher"。

（2）单击屏幕左侧的"操作"标签。出现"操作"菜单。

（3）单击要使用的仪器的　（分析 1）。有鸣声说明已连上（电脑工作站与色谱仪）出现"登录"屏幕。

（4）输入用户 ID 和密码并单击"确定"。出现如下界面。

注意：初始登录过程中，使用 Admin 作为用户 ID，保留密码为空。

启动"LC 实时分析"，出现"LC 实时分析"窗口（初始设置）。

2. 脱气

（1）点窗口出现数据采集界面。设溶剂比例、总流速，下载。

（2）开 HPLC 仪器旁路按 purge. 脱气（注意观察泵上面的工作界面，看是否脱气完成），脱完关旁路（注意要分别对每种溶剂脱气，并且每个泵都要脱气）。

3. 设置仪器参数，开泵

（1）请确保在"LC 实时分析"窗口的状态显示区域中显示为"就绪"。

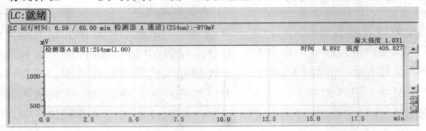

注意：如果显示为"未连接"，请参见"设置分析仪器的系统配置"，并根据需要调整系统配置。

（2）在"仪器参数视图"中，设置在分析中要使用的仪器参数。

单击"正常"显示一个标签，可以在其中输入分析条件，例如测量时间、泵流速、检测器波长和柱温箱温度等。请确保为每一检测器设置了"LC 停止时间"和"结束时间"（测量结束时间）。

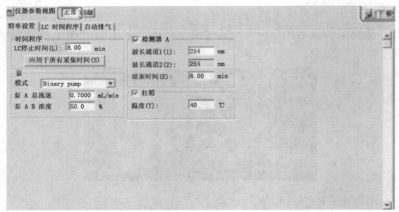

注意："LC 停止时间"是控制仪器的持续时间。如果时间程序或馏分收集器时间程序都没有设置，则将其保留为 0.01 min。

正常设置如下。

模式：等度/梯度；

泵 A 流速：　　　　　　　；

泵 B 浓度：　　　　　　　　；

检测器：波长 灯 压力限制。

LC 时间程序的"时间"、"单元"、"处理命令"、"数值"如下表所示。压力限制设定最大值（20MPa）和最小值。

	时间	单元	操作	数值
1	5.00	pump	B. conc	100%
2	7.00	pump	B. conc	100%
3	7.10	pump	B. conc	20%
4	8.00	pumps	top	

点击绘制曲线查看。

（3）使用新名称保存方法文件。

出现保存设置（方法文件的设置）的屏幕。

（4）一旦设置了仪器参数，单击"下载"将设置传输到仪器。

将参数传输到仪器。

如果在传输过程中激活系统控制器，则每个仪器模块按照新的参数开始运行。如果没有激活系统控制器，则单击（仪器开/关）按钮以激活仪器。

（5）当分析条件变化时，单击工具栏中的 ▉（保存）按钮覆盖方法文件的设置。以上完成不要忘记开泵。

4. 走基线、观察右侧仪器检视栏　通过在仪器检视栏中输入值，可以修改参数。

5. 执行单次分析

（图：单次运行对话框）

采集信息

样品名 (S)：Test

样品 ID (I)：000

选项 (O)...

方法文件 (M)：C:\LabSolutions\LCsolution\Sample\Demo_Method

数据文件 (D)：C:\LabSolutions\LCsolution\CheckData\Check01.

☐ 自动递增 (A)　1.2

背景文件 (B)：C:\LabSolutions\LCsolution\CheckData\Backgrou

数据描述 (C)：

进样器

样品瓶 #(V)：1　　　　样品架 #(R)：1

进样体积 (J)：1　ml

高级 >>　　确定　　取消　　帮助

（1）请确保显示了"就绪"，且"色谱图视图"中的基线稳定。

（2）单击"LC 实时分析"窗口助手栏上的单次分析图标（单次开始）。出现"单次运行"屏幕。

（3）设置每一项。

（4）单击"确定"。

单次分析开始，并且"LC 实时分析"窗口中的状态从"就绪"变为"运行"。

6. 再解析　再解析→选择目标文件→视图→峰表→峰面积→计算。

7. 清洗、关机。

1. 流动相必须用 HPLC 级的试剂，使用前过滤除去其中的颗粒杂质和其他物质（使用 $0.45\mu m$ 或更细的膜过滤）。

2. 流动相过滤后要用超声波脱气，脱气后应该恢复到室温后使用。

3. 不能用纯乙腈作为流动相，这样会使单向阀粘住而导致泵不进液。

4. 使用缓冲溶液时，做完样品后应立即用去离子水冲洗管路及柱子（30min），然后用甲醇（或甲醇水溶液）冲洗 40min 以上，以充分洗去离子。对于柱塞杆外部，做完样品后也必须用去离子水冲洗 20ml 以上。

5. 长时间不用仪器，应该将柱子取下用堵头封好保存，注意不能用纯水保存柱子，而应该用有机相（如甲醇等），因为纯水易长霉。

6. 每次做完样品后应该用溶解样品的溶剂清洗进样器。

7. C_{18} 柱绝对不能进蛋白样品、血样和生物样品。

8. 堵塞导致压力太大，按预柱→混合器中的过滤器→管路过滤器→单向阀检查并清洗。清洗方法：①以异丙醇作溶剂冲洗；②放在异丙醇中间用超声波清洗；③用 5% 稀硝酸清洗。

9. 如果进液管内不进液体时，要使用注射器吸液。通常在输液前要进行流动相的清洗。

要注意柱子的 pH 范围，不得注射强酸强碱的样品，特别是碱性样品。

10. 更换流动相时应该将吸滤头部分放入烧杯中边震荡边清洗，然后插入新的流动相中。更换无互溶性的流动相时要用异丙醇过渡一下。

技能训练一　高效液相色谱仪的性能检查

【预习思考】

1. 熟悉岛津高效液相色谱的使用方法。

2. 熟悉《中国药典》对高效液相色谱仪的性能要求和检查方法。

【实训目标】

1. 知识目标　仪器基本结构、作用。

2. 职业关键能力　岛津高效液相色谱仪的性能要求和检查方法及工作站使用。

3. 素质目标　让学生理解职业道德的基本规范含义，培养学生职业规范意识。

【实训用品】

1. 仪器　高效液相色谱仪、ODS 色谱柱、容量瓶（10ml）等。

2. 试剂　苯（分析纯）、萘（分析纯）、甲醇（色谱纯）、娃哈哈水等。

【实训方案】

（一）实训形式

试液配制、仪器准备、仪器使用、实训记录等，分成 4 人一组，进行合理分工。

（二）实训过程

（三）实训前准备

1. 试剂准备

（1）流动相　甲醇通过适宜的 $0.45\mu m$ 滤膜滤过，用前脱气。娃哈哈水用前新换。

（2）苯的甲醇溶液　（$1\mu g/ml$）适宜的 $0.45\mu m$ 滤膜滤过，用前超生脱气。

（3）萘的甲醇溶液　（$0.05\mu g/ml$）适宜的 $0.45\mu m$ 滤膜滤过，用前超生脱气。

（4）苯磺酸钠溶液　（$0.02\mu g/ml$）适宜的 $0.45\mu m$ 滤膜滤过，用前超生脱气。

2. 仪器准备

色谱条件如下。

色谱柱：ODS 柱（15cm × 4.6mm，$5\mu m$）；

流动相：甲醇 – 水（80：20）；

流速：1ml/min；

检测器：UV 254nm。

检查上次使用记录和仪器状态，用流动相冲洗滤器，再把滤器浸入流动相中，启动泵。

打开泵的排放阀，用专用注射器从阀口抽出流动相约为 $20\mu l$，设置高流速（如 9ml/min）或用冲洗键 PURGE 进行充泵排气，观察出口处流动相呈连续液流后，将流速逐步回零或停止（STOP）冲洗，关闭排放阀。

将流速调节至分析用流速，对色谱柱进行平衡，同时观察压力指示应稳定，用干燥滤纸片的边缘检查柱管各连接处应无渗漏。初始平衡时间一般约需 30min。如为梯度洗脱，应在程序器上设置梯度状态，用初始比例的流动相对色谱柱进行平衡。做好实训前准。

【实训操作】

高效液相色谱仪的主要性能指标如下。

（一）流量精度

仪器流量的重复性。以重复测定流量的相对标准差表示。

（二）噪声

由于各种未知的偶然因素所引起的基线起伏。噪声的大小用基线带宽（峰－峰值）来衡量，通常以毫伏或安培为单位。

（三）漂移

基线朝一定方向的缓慢变化。用单位时间内基线水平的变化来表示。

（四）检测限

本实验使用的紫外检测器为浓度型检测器，其检测限为某组分所产生的信号大小等于噪声两倍时，每毫升流动相中所含该组分的量，也称敏感度。

计算公式：$D = \dfrac{2N}{S}$　　其中 $S = \dfrac{AF}{1000 \times 60 \times m}$

式中，N 为噪声（mV）；m 为组分的进样量（g）；A 为峰面积（$\mu V \cdot s$）；F 为流动相流量（ml/min）；S 为灵敏度（$mV \cdot ml/g$）。

（五）定性重复性

在同一实验条件下，组分保留时间的重复性。通常以被分离组分的保留时间之差（Δt_R）的相对标准差来表示，$RSD \leqslant 1\%$ 认为合格。

（六）定量重复性

在同一实验条件下，色谱峰面积（或峰高）的重复性。通常以被分离组分的峰面积比的相对标准差来表示，$RSD \leqslant 2\%$ 认为合格。

【实训现象、数据处理与结果、小结与评议】

（一）现象

（二）数据处理与结果

1. 流量精度的测定　观察流动相流路，检查流动相是否够用。在指示流量 1.0ml/min、2.0ml/min、3.0ml/min 三点测定流量。用 10ml 容量瓶在流动相出口处接受流出液。准确记录流出 10ml 所需的时间，换算成流速（ml/min），重复测定 5 次。按下表 6－8 记录。

表 6－8　流量精度测定

指示流量	1.0ml/min		2.0ml/min		3.0ml/min	
测得流量	t/10ml	ml/min	t/10ml	ml/min	t/10ml	ml/min
1						
2						
3						

续表

指示流量	1.0ml/min		2.0ml/min		3.0ml/min	
测得流量	$t/10ml$	ml/min	$t/10ml$	ml/min	$t/10ml$	ml/min
4						
5						
平均值						
RSD（%）						

2. 基线稳定性（噪声和漂移）的测定 待仪器稳定后，将检测器灵敏度放在较高档（至能测出噪声），记录基线 1h。测定基线带宽为噪声。基线带中心的结尾位置与起始位置之差为漂移。

3. 检测限和重复性的测定 试样：苯（1μg/ml）、萘（0.05μg/ml）及苯磺酸钠（0.02μg/ml），用于测定死时间 t_0）的乙醇（或流动相）溶液。

待仪器基线稳定后，进样 20μl，记录色谱图，测定 t_0、苯和萘的 t_R、h、$W_{1/2}$、A 等。重复测定 5 次。按表 6 - 9 记录有关数据。

表 6 - 9 重复性测定

	1	2	3	4	5	平均值	RSD（%）
t_0							
t_R（苯）							
t_R（萘）							
Δt_R							
$A_{苯}$（或 $h_{苯}$）							
$A_{萘}$（或 $h_{萘}$）							
$W_{1/2}$（苯）							
$W_{1/2}$（萘）							
$A_{苯}/A_{萘}$							
（或 $h_{苯}/h_{萘}$）							

以萘计算检测限，以保留时间和峰面积分别计算仪器的定性、定量重复性。给出结论。

（三）小结与评议

课外延伸

1. 什么是分离度？如何提高分离度？

2. 检测限和灵敏度有什么不同？为什么用检测限而不是灵敏度作为仪器的性能指标？

3. 职业道德基本规范指什么?

> **职业道德基本规范**:职业道德基本规范是在职业道德核心、原则指导下形成的。职业道德基本规范告诉人们应该做什么,不应该做什么,应该怎样做,不应该怎样做。

技能训练二　高效液相色谱参数的测定

【预习思考】

1. 掌握高效液相色谱各项参数的测定方法。

2. 进一步巩固高效液相色谱仪的使用方法。

【实训目标】

1. 知识目标　高效液相色谱法的色谱参数。

2. 职业关键能力　高效液相色谱法的色谱参数测定方法。

3. 素质目标　掌握职业道德基本规范内容,加强学生职业道德规范意识教育。

【实训用品】

1. 仪器　高效液相色谱仪、平口微量注射器(10μl)、脱气装置。

2. 试剂　苯、萘、蒽、$K_2Cr_2O_7$、甲醇(均为 A. R)。

【实训方案】

(一)实训形式

试液配制、仪器准备、仪器使用、实训记录等,分成4人一组,进行合理分工。

(二)实训过程

(三)实训前准备

1. 试剂准备

(1)流动相　甲醇通过适宜的 0.45μm 滤膜滤过,用前脱气。娃哈哈水用前新换。

(2)$K_2Cr_2O_7$水溶液　1μg/ml 用前过滤脱气。

(3)苯、萘、蒽混合甲醇溶液　浓度分别为 1μg/ml 的苯、萘、蒽甲醇溶液混合而成。用前过滤脱气。

2. 仪器准备

色谱条件如下。

色谱柱：ODS 柱（15cm × 4.6mm，5μm）；

流动相：甲醇 – 水（80：20）；

流速：1ml/min；

检测器：UV254nm。

检查仪器，做好实训前准备。

【实训操作】

高效液相色谱法的色谱参数包括定性、定量、柱效和分离等四个方面的参数。本实验主要测定苯、萘、蒽混合物的甲醇溶液和 $K_2Cr_2O_7$ 水溶液的色谱峰的保留时间、死时间及峰宽。并通过这些基本测量值来计算塔板数（n）、塔板高度（H）、容量因子（k），分配系数（K）以及分离度（R）等色谱参数。

参数测定：在色谱条件下，用微量注射器进样 $K_2Cr_2O_7$ 水溶液适量（3 ~ 5μl），测定死时间（t_0）。再进样苯、萘、蒽混合物的甲醇溶液适量，记录色谱图，测定各峰的保留时间及半峰宽。

【实训现象、数据处理与结果、小结与评议】

（一）现象

（二）数据处理与结果

表 6 – 10　色谱峰的保留时间、死时间及峰宽

	t_0（min）	t_R（min）	t'_R（min）	W（min）	$W_{1/2}$（min）
I					
II					
III					
平均					

计算式如下。

理论塔板数（n）：$n = 5.54 \left(\dfrac{t_R}{W_{1/2}} \right)^2$

理论塔板高度（H）：$H = \dfrac{L}{n}$　　　　（$L = 150mm$）

有效塔板数（n_{eff}）：$n_{eff} = 5.54 \left(\dfrac{t'_R}{W_{1/2}} \right)^2$

容量因子（k）：$k = \dfrac{t'_R}{t_0}$

分配系数比（α）：$\alpha = \dfrac{t'_{R_2}}{t'_{R_1}} = \dfrac{k_2}{k_1}$

分离度（R）：$R = \dfrac{2 (t_{R_2} - t_{R_1})}{W_1 + W_2}$

（三）小结与评议

课外延伸

1. 解释苯、萘、蒽在色谱柱中的流出顺序。
2. 测量分离度 R 有何意义，如何提高分离度？
3. 职业道德基本规范内容有哪些？

素质教育

职业道德基本规范内容：爱岗敬业、诚实守信、办事公道、服务群众、奉献社会。

技能训练三　高效液相色谱法中流动相组成对保留值的影响

【预习思考】
1. 掌握高效液相色谱法中流动相的组成对保留值的影响。
2. 进一步熟悉高效液相色谱仪的使用技术。

【实训目标】
1. 知识目标　反相色谱法的疏溶剂理论。
2. 职业关键能力　通过色谱实验分析以确定流动相的最佳配比。
3. 素质目标　增强职业意识，遵守职业规范。重视技能训练，提高职业素养。

【实训用品】
1. 仪器　高效液相色谱仪（或其他类型）、微量注射器（10μl）。
2. 试剂　苯、甲苯、甲醇（均为 A. R）。

【实训方案】
（一）实训形式
试液配制、仪器准备、仪器使用、实训记录等，分成 4 人一组，进行合理分工。

（二）实训过程

（三）实训前准备

1. 试剂准备

（1）流动相　甲醇通过适宜的 $0.45\mu m$ 滤膜滤过，用前脱气。娃哈哈水用前新换。

（2）样品溶液　苯、甲苯的混合甲醇溶液（$1\mu g/ml$），用前过滤脱气。

2. 仪器准备

色谱条件如下。

色谱柱：ODS 柱（$15cm \times 4.6mm$，$5\mu m$）；

流动相：甲醇－水（$X : Y$）；甲醇－水的配比分别为 $90 : 10$，$80 : 20$，$70 : 30$，$60 : 40$。

流速：$1ml/min$；

检测器：UV254nm。

检查仪器，做好实训前准备。

【实训操作】

在上述色谱条件下，依次更换流动相，在每个系统中，待基线稳定后，分别注入适量试样（$3 \sim 5\mu l$），记录色谱图。

【实训现象、数据处理与结果、小结与评议】

（一）现象

（二）数据处理与结果

根据各组分色谱图的分离情况以决定流动相的最佳配比。

流动相 测定参数	90:10	80:20	70:30	60:40
$t_{R苯}$（min）				
$t_{R甲苯}$（min）				

（三）小结与评议

特别提示

更换流动相时，应停泵操作，严格防止气泡进入流路系统。

1. 反相液相色谱中最常用的固定相和流动相是什么？
2. 反相液相色谱中流动相的极性与洗脱能力有什么关系？

孟子：不以规矩，不能成方圆。作为高职生如何理解含义，增强职业意识，遵守职业规范。重视技能训练，提高职业素养。

技能训练四　盐酸环丙沙星片的含量测定

【预习思考】

1. 反相高效液相色谱法（外标法）。
2. 掌握片剂含量计算方法。

【实训目标】

1. 知识目标　外标对比法的定量方法。

2. 职业关键能力　HPLC 法的实验技能。

3. 素质目标　培养学生从小事做起，严格遵守行为规范，从自我做起，自觉养成良好习惯。

【实训用品】

1. 仪器　岛津 20AT 型高效液相色谱仪、微量注射器 50μl。

2. 试剂　盐酸环丙沙星片、盐酸环丙沙星对照品、枸橼酸、乙腈、三乙胺。

【实训方案】

（一）实训形式

试液配制、仪器准备、仪器使用、实训记录等，分成 4 人一组，进行合理分工。

（二）实训过程

（三）实训前准备

1. 试剂准备

（1）流动相 0.5mol/L 枸橼酸: 乙腈 = 82: 18，用三乙胺调节 pH 至 3.5。通过适宜的 0.45μm 滤膜滤过，用前脱气。

（2）供试品溶液 取本品 20 片精密称定，研细。精密称取细粉适量（约相当于环丙沙星 25 mg）置于 50ml 容量瓶中，加流动相稀释至刻度摇匀作为供试品溶液。

（3）对照品溶液 另精密称取在 105℃ 干燥至恒重的盐酸环丙沙星对照品适量（约相当于环丙沙星 25mg）置于 50ml 容量瓶中，加流动相适量使溶解并稀释至刻度，摇匀，制成每 1ml 含 0.5mg 溶液。

以上两种溶液通过适宜的 0.45μm 滤膜滤过，用前脱气。

2. 仪器准备

色谱条件如下。

色谱柱：ODS 柱（15cm × 4.6mm，5μm）；

流动相：0.5mol/L 枸橼酸: 乙腈 = 82: 18，用三乙胺调节 pH 至 3.5；

流速：1ml/min；

检测器：UV277nm。

检查仪器，做好实训前准备。

【实训操作】

分别精密吸取上述溶液各 10μl 注入高效液相色谱仪，用紫外吸收检测器，于波长 277nm 处测定盐酸环丙沙星的吸收值，计算其含量。

【实训现象、数据处理与结果、小结与评议】

（一）现象

（二）数据处理与结果

$$环丙沙星片, \% = \frac{A_i \times c_r \times 对照品百分含量 \times 平均装量}{A_r \times c_i \times 标示量} \times 100\%$$

式中，A_i、A_r、c_i、c_r 分别为样品、对照品的峰面积、浓度。

（三）小结与评议

1. 对含有酸的流动相色谱柱如何保护？

2. 片剂含量计算时平均装量如何测定？

技能训练五　丹栀逍遥丸中栀子苷含量测定

【预习思考】

1. 反相高效液相色谱法（外标法）。

2. 掌握中药制剂含量测定方法。

【实训目标】

1. **知识目标**　外标对比法的定量方法。

2. **职业关键能力**　HPLC 法的实验技能。

3. **素质目标**　从名人警示中启发理解学生职业道德的意义。

【实训用品】

1. **仪器**　岛津 20AT 型高效液相色谱仪、超声仪、微量注射器 $50\mu l$。

2. **试剂**　丹栀逍遥丸样品、栀子苷对照品、甲醇（色谱纯）、乙腈（色谱纯）、娃哈哈水。

【实训方案】

（一）实训形式

试液配制、仪器准备、仪器使用、实训记录等，分成 4 人一组，进行合理分工。

（二）实训过程与现象

（三）实训前准备

1. 试剂准备

（1）流动相　乙腈 – 水（15∶85），通过适宜的 0.45μm 滤膜滤过，用前脱气。

（2）供试品溶液　取本品精密称取平均丸重研细，取约 0.2g，精密称定，置具塞锥形瓶中，精密加入 50% 甲醇 30ml，密塞，超声处理（功率 250W，频率 33kHz）45min，放冷，再称定重量，用 50% 甲醇补足减失的重量，摇匀，滤过，取续滤液，即得。

（3）对照品溶液　取栀子苷对照品适量，精密称定，加甲醇制成每 1ml 含 0.02mg 溶液，即得栀子苷对照品溶液。

以上两种溶液通过适宜的 0.45μm 滤膜滤过，用前脱气。

2. 仪器准备

色谱条件如下。

色谱柱：ODS 柱（15cm × 4.6mm，5μm）；

流动相：乙腈 – 水（15∶85）；

流速：1ml/min；

检测器：UV 240nm。

检查仪器，做好实训前准备。

【实训操作】

分别精密吸取上述溶液各 20μl 注入高效液相色谱仪，用紫外吸收检测器，于波长 240nm 处测定栀子苷的吸收值，计算其含量。

【实训现象、数据处理与结果、小结与评议】

（一）现象

（二）数据处理与结果

$$栀子苷,\% = \frac{A_i \times c_r \times 对照品百分含量 \times 平均丸重}{A_r \times c_i \times 标示量} \times 100\%$$

式中，A_i，A_r，c_i，c_r 分别为样品、对照品的峰面积、浓度。

（三）小结与评议

1. 中成药丹栀逍遥丸提取方法？

2. HPLC 仪器使用完清洗和关机应注意什么？

3. 从妙语经典中能感悟什么？

妙语经典

荀子："水火有气而无生，草木有生而无知，禽兽有知而无义，人有气有生有知亦且有义，故最为天下贵也。"

柏拉图："道德不是芝麻绿豆的小事，那是做人的大事。"

雨果："人民的伟大不是以他的数量来衡量，正如一个人的伟大不是以他的身高来衡量一样。衡量伟大的惟一标尺是他的精神发展和道德水平。"

检测与评价

一、知识题

（一）填充题

1. 高效液相色谱仪最基本的组件是 _____、_____、_____、_____、_____。

2. 高压输液系统一般包括_____、_____、_____和_____等。

3. 高压输液泵按输送流动相的性质不同可分为_____和_____两大类；目前高效液相色谱仪普遍采用的_____。

4. 梯度洗脱装置依据溶液混合的方式可分为_____和_____。

5. 安装和更换色谱柱时应注意流动相的方向与_____一致。

6. 反相色谱柱每天实验后的保养，使用缓冲液或含盐的流动相，实验完成后应用_____洗掉色谱柱中的盐，再用_____。

7. 高效液相色谱仪的检测器分两类：第一类为通用型检测器，包括_____、_____；第二类为选择性检测器，包括_____、_____、_____等。

8. 色谱柱的再生，正相柱按极性增大的顺序，依次用 20 ~ 30 倍柱体积的_____、_____和_____冲洗色谱柱，然后，按反顺序冲洗，最后用干燥的正己烷平衡。反相柱首先用_____冲洗，再分别用 20 - 30 倍柱体积的_____和_____冲洗，然后按相反顺序冲洗，最后用流动相平衡。

9. 常用的溶剂脱气方法有_____、_____以_____三种。

10. 输液泵面板上的冲洗键或 Purge 键的作用是_____和_____。

（二）问答题

1. 简述六通阀进样器操作。

2. 简述高效液相色谱仪的日常维护。

3. 新买来的溶剂管路应如何清洗？

4. 简述几种排除系统内气泡的方法。

5. 简述溶剂过滤头或在线过滤器的清洗方法。

6. 输液泵显示压力过高主要由哪些因素引起？

7. 保留时间变化主要由哪些因素引起？应如何排除？

二、操作技能考核题

（一）题目

高效液相色谱法测定饮料中的咖啡因。

（二）考核要点

1. 制备符合液相色谱要求的流动相和试液。

2. 分析色谱柱的选择和安装。

3. 按照操作规程正确操作高效液相色谱仪。

4. 熟练操作与液相色谱仪配套使用的计算机。

5. 设计相应的表格，正确记录原始数据以及数据的正确处理。

6. 文明操作。

（三）仪器

1. 仪器 高效液相色谱仪（任一型号），紫外－可见光检测器（任一型号），色谱柱 ODS 柱（15cm × 4.6mm，5μm），平头微量注射器（50μl 或 25μl），超声波清洗器，流动相过滤器及无油真空泵。

（四）试剂

咖啡因标准品（分析纯），甲醇（色谱纯），二次蒸馏水及待测饮料试液。

（五）实验步骤

1. 准备工作

（1）流动相的预处理 配制甲醇: 水为 20∶80 的流动相 1000ml，并进行处理。

（2）标准溶液的配制 配制浓度为 0.25mg/ml 的咖啡因标准储备液 100ml，用流动相溶解。

（3）标准使用液 用上述储备液配制质量浓度分别为 25μg/ml、50μg/ml、75μg/ml、100μg/ml 及 125μg/ml 的系列标准溶液。

（4）试样的预处理 市售饮料用 0.45μm 水相滤膜减压过滤后，置于冰箱中冷藏保存。

（5）色谱柱的安装和流动相的更换 将正十八烷色谱柱安装在色谱仪上，将流动相更换成甲醇: 水为 20∶80 的溶液。

（6）高效液相色谱仪的开机 开机，将仪器调试到正常工作状态，流动相流速设置为 1.0ml/min；检测器波长设为 254nm，打开工作站。打开输液泵旁路开关，排出流路中的气泡，启动输液泵。

2．标样、样品的分析

（1）标样的分析 待基线稳定后，用平头微量注射器分别进系列标准溶液 20μl，记录下样品名对应的文件名。平行测定 2～3 次。

（2）饮料样品的分析　重复注射饮料样品20μl 2～3次，分析结束后记录下样名对应的文件名。

（3）工作站中调出原始谱图，将饮料样品的分离谱图与咖啡因标准溶液谱图比较即可确认饮料中咖啡因的出峰位置。

如果样品中咖啡因的色谱峰面积超出曲线范围，可用流动相稀释饮料样品。

3. 结束工作

（1）关机　所有样品分析完毕后，按正常的步骤关机。

（2）清理台面　填写仪器使用记录。

4. 数据处理　用标准系列溶液的实验数据绘制工作曲线（$A-c$）。从工作曲线上求得饮料中咖啡因的质量浓度 ρ（mg/ml）。

三、技能考核评分表

《仪器分析》操作评分细则

项目	考核内容	分值	扣分标准		扣分说明	扣分	得分
（一）流动相的处理（12分）	滤膜选择	2	正确	0			
			不正确	2			
	抽滤	5	正确	0			
			不正确	5			
	流动相脱气	5	正确	0			
			不正确	5			
（二）分析前准备（31分）	废液瓶检查	4	正确	0			
			不正确	4			
	流动相更换	4	正确	0			
			不正确	4			
	色谱柱选择	4	正确	0			
			不正确	4			
	色谱柱的安装	10	正确	0			
			不正确	10			
	滤膜选择、样品过滤	5	正确	0			
			不正确	5			
	进样器洗涤	4	正确	0			
			不正确	4			

续表

项目	考核内容	分值	扣分标准		扣分说明	扣分	得分
（三）分离分析（29分）	打开工作站	4	正确	0			
			不正确	4			
	排气	5	正确	0			
			不正确	5			
	设定色谱条件	10	正确	0			
			不正确	10			
	走基线	4	进行	0			
			未进行	4			
	进样	10	正确	0			
			不正确	10			
（四）数据处理及结果报告（20分）	原始数据	5	完整、规范	0			
			欠完整、不规范	5			
	进入后台	4	正确	0			
			不正确	4			
	积分处理	5	正确	0			
			不正确	5			
	调出报告	4	正确	0			
			不正确	4			
	结果计算	10	正确	0			
			不正确	10			
（五）结束工作（8分）	关机操作及后处理	4	正确	0			
			不正确	4			
	文明操作	4	正确	0			
			未进行	4			

薄层色谱法

一、基础知识

薄层色谱法是指将供试品溶液点样于薄层板上，经过展开、检视后所得的色谱图与适宜的对照物按同法所得的色谱图作对比，用于药品的鉴别或杂质检查的方法。

（一）薄层色谱法的主要类型

见表 7 - 1。

表 7 - 1　薄层色谱法的主要类型

项目	吸附薄层色谱法	分配薄层色谱法
分离原理	利用被分离组分与固定相表面吸附中心吸附能力的差别	利用被分离组分在固定性与流动相中分配系数不同
固定性	吸附剂如硅胶、氧化铝、聚酰胺等	液体如纸上吸附的水等
流动相	有机溶剂及部分无机溶剂	与水不互溶的有机溶剂
R_f值比较	吸附系数大的组分 R_f值小，吸附系数小的组分 R_f值大。	正相薄层色谱法，极性大的组分 R_f值小，极性小的组分 R_f值大；反相薄层色谱法反之

（二）吸附薄层色谱的吸附剂与展开剂

1. 吸附剂　见表 7 - 2。

表 7 - 2　薄层色谱常用的吸附剂

项目	硅胶	氧化铝	聚酰胺
结构	多孔性无定形粉末，表面有硅醇基	多孔性无定形粉末，表面有能形成氢键的基团	多孔性非晶型粉末，表面有能形成氢键的聚酰胺
原理	通过硅醇基与极性基团形成氢键，由于被分离组分形成氢键的能力不同而实现分离	通过氧与极性基团形成氢键，由于被分离组分形成氢键的能力不同而实现分离	通过酰胺基与极性基团形成氢键，由于被分离组分形成氢键的能力不同而实现分离
分类	硅胶 G，含黏合剂。硅胶 H，不含黏合剂，铺板时另加入 CMC – Na。硅胶 FH$_{254}$，含荧光剂，245nm 紫外光照发绿光。硅胶 FH$_{365}$，含荧光剂，365nm 紫外光照发光	中性氧化铝（pH 7.5）碱性氧化铝（pH 9.0）酸性氧化铝（pH 4.0）	
选择原则	根据被测物极性和吸附剂的吸附能力。被测物极性强 – 弱极性吸附剂；被测物极性弱 – 强极性吸附剂		
注意事项	硅醇基吸水会失去吸附能力，故使用前需要在 110℃ 活化	氧化铝的活性同样与含水量有关，含水量越低活性越高，故使用前也需要在 110℃ 活化	使用前需除去分子量较小的聚合物

2. 展开剂

（1）选择原则　根据被测组分、吸附剂和展开剂本身的极性共同决定，见图 7-1。

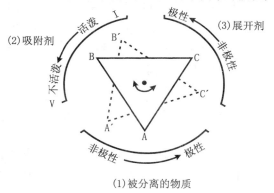

图 7-1　被分离组分的极性与吸附剂的活性

（2）常用溶剂极性顺序　水 > 酸 > 吡啶 > 甲醇 > 乙醇 > 正丙醇 > 丙酮 > 乙酸乙酯 > 乙醚 > 三氯甲烷 > 二氯甲烷 > 甲苯 > 苯 > 三氯乙烷 > 四氯化碳 > 环己烷 > 石油醚。

（三）定性和定量分析

1. 定性分析

（1）比移值 R_f 定性　试样与对照品在同一薄层板上展开，根据 R_f 及斑点的颜色进行比较定性，必要时可经过多种展开系统比较，确认是否为同一化合物。

（2）相对比移值 R_r 定性　试样与对照品的 R_r 值比较，或与文献收载的 R_r 值比较进行定性。

2. 限量检测

（1）杂质对照品比较法　配制一定浓度的试样溶液和规定限定浓度的杂质对照品溶液，在同一薄层板上展开，试样中杂质斑点的颜色不得比杂质照品斑点颜色深。

（2）主成分自身对照法　配制一定浓度的试样溶液，将其稀释一定倍数，稀释液作为对照液，在同一薄层板上展开，试样溶液中杂质斑点的颜色不得比对照溶液主斑点颜色深。

3. 定量分析

（1）洗脱法　试样经薄层色谱分离后，选择合适的溶剂将斑点中的组分洗脱下来，再用适当的方法定量分析。

（2）目视比较法　将一系列已知浓度的对照品溶液与试样溶液点在同一薄层板上，展开显色后，目视比较试样斑点与对照品斑点颜色的深度或面积大小，进行定量分析。

（3）薄层扫描法　用薄层扫描仪扫描薄层板上的斑点，通过斑点对光的吸收强弱进行定量分析。

二、仪器结构

1. 薄层板　自制薄层板，除另有规定外，玻板要求光滑、平整，洗净后不附水珠，晾干。最常用的固定相有硅胶 G、硅胶 GF$_{254}$、硅胶 H 和硅胶 HF$_{254}$，其次有硅藻土、硅藻土 G、氧化铝 G、氧化铝、微晶纤维素、微晶纤维素 F$_{254}$ 等。其颗粒大小，一般要求直径为 5 ~ 40μm。

薄层涂布，一般可分无黏合剂和含黏合剂两种；前者系将固定相直接涂布于玻板上，后者系在固定相中加入一定量的黏合剂，一般常用 10% ~ 15% 煅石膏（$CaSO_4 \cdot 2H_2O$ 在 140℃ 加热 4h），混匀后加水适量使用，或用 0.2% – 0.5% 羧甲基纤维素钠水溶液（取羧甲基纤维素钠适量，加水适量，加热煮沸至完全溶解）适量，调成糊状，均匀涂布于玻板上。使用涂布器应能使固定相在玻板上涂成一层符合厚度要求的均匀薄层。

市售薄层板分普通薄层板和高效薄层板，如硅胶薄层板、硅胶 GF_{254} 薄层板、聚酰胺薄膜和铝基片薄层板等。

2. 点样器 有手动、半自动或自动点样器，一般采用微量注射器或定量毛细管。

3. 展开容器 应使用适合薄层板大小的专用薄层色谱展开缸，并有严密的盖子，底部应平整光滑，或有双槽。

4. 显色剂 按各品种项下规定。可采用喷雾显色、浸渍显色或置碘蒸气中显色，检出斑点。

5. 显色装置 喷雾显色可使用玻璃喷雾瓶或专用喷雾器，要求用压缩气体使显色剂呈均匀细雾状喷出；浸渍显色可用专用玻璃器皿或适宜的玻璃缸代替；碘蒸气熏碘显色可用双槽玻璃缸或适宜大小的干燥器代替。

6. 检视装置 为装有可见光、短波紫外光（254nm）、长波紫外光（365nm）光源及相应滤光片的暗箱，可附加摄像设备供拍摄色谱图用，暗箱内光源应有足够的光照度。

三、仪器操作规范

（一）操作方法

1. 薄层板制备

（1）自制薄层板 除另有规定外，将 1 份固定相和 3 份水在研钵中向一方向研磨混匀，去除表面的气泡后，倒入涂布器中，在玻板上平稳地移动涂布器进行涂布（层厚为 0.2 ~ 0.3mm），取下涂好薄层的玻板，置水平台上于室温下晾干后，在 110℃ 活化 30min，即置有干燥剂的干燥箱中备用。使用前检查其均匀度（可通过透射光和反射光检视），表面应均匀、平整、光滑，无麻点，无气泡，无破损及污染。

（2）市售薄层板 临用前一般应在 110℃ 活化 30min。聚酰胺薄膜不需活化。

铝基片薄层板可根据需要剪裁，但须注意剪裁后的层板底边的硅胶层不得有破损，如在储放期间被空气中杂质污染，使用前可用适宜的溶剂在展开容器中上行展开预洗，110℃ 活化后，放在干燥器中备用。

2. 点样 除另有规定外，在洁净干燥的环境下，用点样器点样于薄层板上，一般为圆点，应能使点样位置正确、集中。点样基线距底边 2.0cm（高效薄层板一般为 0.8 ~ 1.0cm），点样直径为 2 ~ 4mm（高效薄层板一般不大于 2mm），点间距离可视斑点扩散情况以不影响检出为宜，一般为 1.0 ~ 2.0cm（高效薄层板一般不少于 0.5cm）。点样时必须注意勿损伤薄层板表面。

3. 展开　展开缸如需预先用展开剂饱和，可在缸中加入足够量的展开剂，并在壁上贴两条与缸一样高、宽的滤纸条，一端浸入展开剂中，密封顶盖，一般保持 15 ~ 30min，使系统平衡或按品种规定操作。

将点好样品的薄层板迅速放入展开缸的展开剂中，浸入展开剂的深度为距原点 0.5 ~ 1.0cm（切勿将样点浸入展开剂中），密封顶盖，待展开至规定距离（一般为 10 ~ 15cm），取出薄层板，晾干，按各品种项下的规定检测。

展开可以向一个方向进行，即单向展开；也可以进行双向展开，即先向一个方向展开，取出，待展开剂完全挥发后，将薄层板转动，再用原展开剂或另一种展开剂进行展开；亦可多次展开。

4. 显色与检视　荧光薄层板可用荧光淬灭法；普通薄层板，有色物质可在日光下直接检视；无色物质可用物理或化学方法检视。物理方法是检出斑点的荧光颜色及强度；化学方法一般用化学试剂显色后，立即覆盖同样大小的玻板，在日光下检视。

显色方法如下。

（1）喷雾法　将显色剂直接喷洒在薄层上。

（2）碘蒸气法　薄层展开取出后，使展开剂全部挥发，放入碘蒸气饱和的密闭器皿中显色，许多物质能与碘蒸气生成棕色的斑点。

（3）侧吮法　薄层展开取出后，待展开剂全部挥发，再将薄层一侧微微浸入显色液中，与展开方向垂直地进行侧吮显色。显色剂会很快地扩及全部薄层，取出，加热干燥，即可显出清晰的斑点。但若被检物质能被显色剂展开，则不能采用此法。

（4）压板法　薄层展开后，稍干，将适量的浓稠的显色剂涂在另一块同样大小的玻璃板上，立即覆盖在薄层上，压紧即可显色。

（二）系统适用性试验

按各品种项下要求对检测方法进行系统适用性试验，检测斑点的检测灵敏度、比移值（R_f）和分离效能应符合规定。

1. 检测灵敏度　用于杂质检查时，采用对照溶液经稀释若干倍的溶液与供试品溶液和对照溶液在规定的色谱条件下，在同一块薄层板上点样、展开、检视，前者应显示清晰的斑点。

2. 比移值（R_f）　计算从基线至展开斑点中心的距离与从基线至展开剂前沿的距离的比值，按下式得出各斑点的 R_f 值。

$$R_f = \frac{\text{从基线至展开斑点中心距离}}{\text{从基线至溶剂前沿距离}}$$

可用计算供试品溶液主斑点与对照品溶液主斑点的比移值进行比较，或用比移值来说明主斑点或杂质斑点的位置。

3. 分离效能　鉴别时，对照品与结构相似的药物对照品制成的混合对照溶液按规定方法展开后，应显示两个清晰分离的斑点。杂质检查时，杂质对照品与主成分制成的混合对照溶液按规定方法展开后，应显示两个清晰分离的斑点，或待测成分与相邻的斑点应清晰分离。

附一：KH-2100 型薄层色谱扫仪

一、基本流程

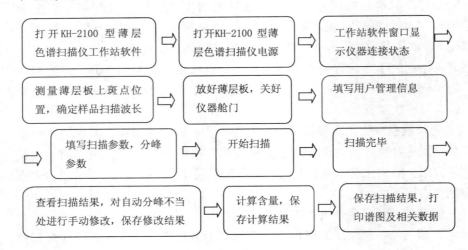

二、操作方法

1. 开计算机，打开 KH-2100 型薄层色谱扫描系统（点击计算机桌面上"KH-2100 型薄层色谱扫描系统"图标）。

2. 接通 KH-2100 型薄层色谱扫描仪电源，插好 USB 连接线（连接 KH-2100 型薄层色谱扫描仪和计算机），打开 KH-2100 型薄层色谱扫描仪的电源开关。

3. 等候仪器自检完毕，如 KH-2100 型薄层色谱扫描系统的工作站软件已打开，将显示仪器自检结果（X、Y 复位检测，单色仪检测，氘灯光源检测，卤钨灯光源检测，波长标定）。

4. 测量薄层板上样品斑点位置，依据药典或相关规范确定样品扫描波长。

5. 将薄层板放入扫描仪的载物台，薄层板边缘尽量靠近载物台内侧（薄层板前沿接近舱门方向）。

6. 填写用户管理数据。点击"样品扫描"窗口工具栏中的"用户管理"按钮，输入报告人、测试时间、测试地点、设备名称、设备编号、薄层板类型、样品、标准品、湿度、温度、展开剂、显色剂、备注，点击"确定"按钮。

7. 设置扫描参数。点击参数设定窗口中的"样品选择"按钮，弹出药典方法窗口，接着选择样品；然后依次输出样品数目（1~18）、纵向扫描范围（5~195mm）、横向扫描位置（5~192mm）、杂散峰高度（0~100）。

8. 开始扫描，点击样品扫描窗口工具栏中的"开始测试"按钮，等待测试完毕。

9. 处理扫描数据。如果扫描出的样品峰形为倒峰，点击"荧光处理"；察看自动分峰结果，对分峰有误的地方采用手动修改方式：添加峰、删除峰、修改峰、分开峰、合并峰、设定基线。

10. 保存扫描结果，点击样品扫描窗口工具栏中的"保存"按钮。

11. 计算含量。首先选中样品扫描窗口工具栏中的"平铺显示"单选框，接着输入标准品浓度，然后依次选择标准品（样品），确定类型，添入点样量，点击"确定"按钮，再接着重复上一操作选择下一个样本，所有的标准品（样品）选择完毕后，点击"计算含量"按钮，进入含量计算窗口。

12. 点击含量计算窗口的"保存"按钮，保存所有数据。

13. 点击含量计算窗口的"打印预览"按钮，生成报表，点击含量计算窗口的"打印全部"，打印所有谱图数据。

附二：TD-Ⅱ型全自动薄层铺板机

一、结构示意图

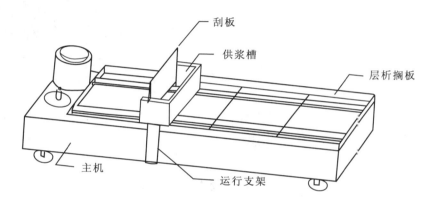

图 7-2　TD-Ⅱ型全自动薄层铺板机结构示意图

二、操作方法

1. 使用水平尺，调节仪器底部调节螺丝，使板面水平；

2. 根据塞尺调节刮板的固定螺丝，调节相应厚度；

3. 将黏合剂（3 份）倒入匀浆器容器中；

4. 按比例称量吸附剂（1 份）加入匀浆器容器中；

5. 用玻璃棒将吸附剂与黏合剂搅匀无干粉；

6. 加上搅拌头盖上通电源搅拌 3min；

7. 形成浆液后关电源，取出搅拌头浆液备用；

8. 将主机放置于平稳工作台上；

9. 将薄层板搁板四脚放置在主机对应位置上；

10. 接通主机电源，拔动开关测试机器运行状态；

11. 把玻璃板放置在薄层板搁板上；

12. 将供浆槽挂在主机运行支架上；

13. 将吸附剂浆料倒入供浆槽；

14. 将主机开关拔到铺板开始；

15. 铺板结束，取下供浆槽，清洗备用；

16. 将薄层板搁板取下，连板一起晾干；
17. 将主机开关拔到铺板结束，关闭主机电源；
18. 将晾干的色谱板放入烘箱内加温干燥，将薄层板搁板洗净备用；
19. 将干燥的薄层色谱板放入储板箱内备用；
20. 使用后的薄层色谱板首先洗去吸附剂，放于晾板架晾干备用。

附三：SP－Ⅱ电动薄层色谱点样器

一、结构示意图

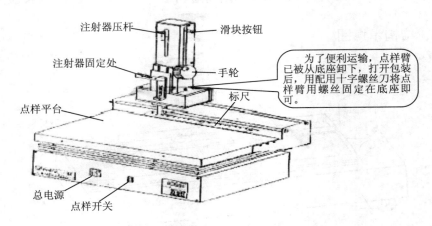

图7－3　TD－Ⅱ型全自动薄层铺板机结构示意图

二、操作方法

1. 打开总电源；
2. 转动温控旋钮，设定点样温度；
3. 将层析板放置在标尺下方；
4. 移动点样臂到点样位置；
5. 压住两侧滑块按钮；
6. 将微量注射器放在注射器插孔内；
7. 微量注射器手柄放在电动滑块的凹槽内；
8. 调节手轮调节针头与层析板距离；
9. 按动点样键，进行点样；
10. 点完一个之后，移动点样臂到下一点样位置；
11. 点样完毕，等待点样溶剂挥干，关闭温控与电源。

1. 薄层板的活化与保存 自制薄层板和市售薄层板在使用前均应进行活化，活化后的薄层板应立即置于有干燥剂的干燥器中保存，保存时间不宜过长，最好随用随制，放入干燥箱中保存仅作为使用前的一种过渡。

2. 供试液的制备 溶剂选择是否适当影响点样原点及分离后斑点的形状，一般应选择极性小的溶剂；只有在供试品极性较大，薄层板的活性较大时，才选择极性大的溶剂。除特殊情况外，试液的浓度要适宜，最好控制在使点样量不超过 $10\mu l$。

3. 点样 薄层板上样品容积的负荷量极为有限，普通薄层板均点样量最好在 $10\mu l$ 以下，高效薄层板在 $5\mu l$ 以下。点样量过多可造成原点"超载"，展开剂产生绕行现象，使斑点拖尾。点样速度要快，在空气中点样以不超过 10min 为宜，以减少薄层板和大气的平衡时间。点样时必须注意勿损坏薄层表面。

4. 点样环境 实验环境的相对湿度和温度对薄层分离效果有着较大的影响（实验室一般要求相对湿度在 65% 以下为宜），因此应保持试验环境的相对恒定。对温、湿度敏感的品种必须按品种项下的规定，严格控制实验环境的温、湿度。

5. 展开 展开缸预先饱和可避免边缘效应，展开距离不宜过长，通常为 10 – 15cm。色谱缸必须密闭良好，使缸内展开剂蒸气饱和并保持不变，防止边缘效应（边缘效应是指同一物质的斑点在同一薄板上出现的两边缘部分的 R_f 值大于中间部分 R_f 值得现象。产生这一现象的原因与色谱缸内溶剂蒸气未达饱和有关）。一般展开前，通常将点好样的薄板置于盛有展开剂的色谱缸中饱和约 15min。

技能训练一　硫酸长春碱的纯度检查

【预习思考】
1. 熟悉薄层色谱法的原理及操作方法。
2. 熟悉《中国药典》中硫酸长春碱的纯度检查方法。
3. 了解公共生活中的道德规范内容。

【实训目标】
1. 知识目标 薄层色谱纯度检查方法。
2. 职业关键能力 薄层色谱法的操作方法。
3. 素质目标 让学生了解社会公德的定义及内涵。

【实训用品】
1. 仪器 层析缸、紫外光灯（254nm）、微量注射器、硅胶 GF_{254} 薄层板。
2. 试剂 石油醚（沸程 30～60℃）、三氯甲烷、丙酮、二乙胺、甲醇、硫酸长春碱样品。

【实训方案】

（一）实训形式

试液配制、薄层操作、实训记录等，分成 4 人一组，进行合理分工。

（二）实训过程

配制溶液、展开剂 → 活化薄层板 → 点样 → 展开 → 显色 → 斑点检出 → 定性分析

（三）实训前准备

1. 试剂准备

（1）供试品溶液　取硫酸长春碱，加甲醇制成每 1ml 含 10mg 的溶液，作为供试品溶液。

（2）对照溶液　精密量取适量供试品溶液，加甲醇稀释成每 1ml 含 0.20mg 的溶液，作为对照溶液。

（3）展开剂配制　石油醚（沸程 30～60℃）－三氯甲烷－丙酮－二乙胺（12∶6∶1∶1）。

2. 仪器准备　薄层板在临用前一般应在 110℃ 活化 30min，展开缸预先用展开剂饱和，可在缸中加入足够量的展开剂，并在壁上贴两条与缸一样高、宽的滤纸条，一端浸入展开剂中，密封顶盖，一般保持 15～30min，使系统平衡，做好实训前准备。

【实训操作】

（一）点样、展开

吸取上述供试品、对照品溶液各 5μl，分别点在同一薄层板上，将点好样品的薄层板迅速放入展开缸的展开剂中，浸入展开剂的深度为距原点 0.5～1.0cm（切勿将样点浸入展开剂中），密封顶盖，待展开至规定距离（一般为 10～15cm），取出薄层板，晾干，按各品种项下的规定检测。

（二）显色、检测

置紫外光灯（254nm）下检视。

（三）纯度检查

供试品溶液如显杂质斑点，不得超过 2 个，其颜色与对照溶液的主斑点比较，不得更深。

【实训现象、数据处理与结果、小结与评议】

（一）现象

（二）数据处理与结果

（三）小结与评议

1. 掌握薄层定性主成分自身对照法。
2. 薄层色谱点样有什么要求。
3. 社会公德定义及内涵？

> **社会公德**：指在社会交往和公共生活中公民应该遵守的最基本的道德准则。
>
> **社会公德的内涵**：在人与人之间的关系层面上，社会公德主要体现在举止文明、尊重他人、助人为乐；在人与社会之间关系层面上，社会公德主要体现在爱护公物、维护公共秩序；在人与自然之间关系层面上，社会公德主要体现为热爱自然、保护环境。我们可以对照这几个方面反思自己的行为。

技能训练二　黄连药材中小檗碱的含量测定

【预习思考】
1. 熟悉双波长扫描仪的基本结构及操作方法。
2. 通过小檗碱含量的测定，了解薄层扫描法在中药含量测定方面的应用。

【实训目标】
1. 知识目标　小檗碱含量的测定方法。
2. 职业关键能力　熟悉双波长扫描仪的基本结构及操作方法。
3. 素质目标　培养学生公共生活中的道德规范意识。

【实训用品】
1. 仪器　KH－2100 型薄层色谱扫仪、定量毛细管（或平头微量注射器）、展开槽、硅胶 GF_{254} 薄层板（10cm×20cm）、索氏提取器、容量瓶。
2. 试剂　正丁醇（A.R）、无水乙醇（A.R）、冰醋酸（A.R）、盐酸小檗碱对照品、黄连药材。

【实训方案】
（一）实训形式
溶液制备、薄层操作、实训记录等，分成 4 人一组，进行合理分工。
（二）实训过程

对照品、样品溶液制备 → 薄层板活化 → 点样展开 → 扫描 → 记录与计算

（三）实训前准备

1. 试剂准备

（1）对照品溶液　精密称取盐酸小檗碱对照品适量，加甲醇制成 1mg/ml 的对照品溶液。

（2）样品溶液的制备　精密称取黄连药材粉末约 1g 于索氏提取器中，加无水乙醇 20ml，水浴回流提取至无生物碱大约 50min，过滤，将滤液浓缩，定量转移至 25ml 容量瓶中，用无水乙醇定容至刻度，即为样品溶液。

（3）展开剂　正丁醇 – 冰醋酸 – 水（7∶1∶2）。

2. 仪器准备　薄层板在临用前一般应在 110℃ 活化 30min，展开缸预先用展开剂饱和，可在缸中加入足够量的展开剂，并在壁上贴两条与缸一样高、宽的滤纸条，一端浸入展开剂中，密封顶盖，一般保持 15～30min，使系统平衡，做好实训前准备。

【实训操作】

（一）点样、展开

用定量毛细管（或平头微量注射器）分别吸取上述对照品溶液和样品溶液各适量，点于同一硅胶 GF$_{254}$ 薄层板上，点样基线距底边 2.0cm，样点直径不超过 2～4mm。将点样的薄层板放入盛有展开剂的展开槽中（展开剂的量以薄层板下端能浸入展开剂的深度约为 0.5～1.0cm 为宜），上行定距展开约 15cm，取出，晾干。

（二）扫描

扫描条件：双波长反射法锯齿扫描，测定波长（λ_S）为 415nm，参比波长（λ_R）为 700nm，狭缝为 1.25×1.25，线性参数（S_x）=3，扫描速度 20mm/min。

【实训现象、数据处理与结果、小结与评议】

（一）现象

（二）数据处理与结果

1. 数据记录

	I	II	III	平均值
对照品的面积积分值（A_R）				
样品的面积积分值（A_S）				

2. 计算

根据仪器自动打印出来的峰面积积分值，用外标一点法（比较法）求出药材中盐酸小檗碱的百分含量。

$$小檗碱含量,\% = \frac{\dfrac{A_S}{A_R} \times W_R}{W_S} \times 100\%$$

（三）小结与评议

 **特别提示**

　　双波长扫描法的原理：以样品斑点吸收曲线的最大吸收处的波长作为测定波长（λ_S），样品斑点吸收曲线的基线部分（斑点周围的背景吸收）的波长作为参比波长（λ_R），在扫描测定时，仪器自动转到预先设定的参比波长处测定背景吸收值，然后再自动转到预先设定的测定波长处测定样品半点的吸收值。根据测出的两个波长处的吸光度差值（ΔA），便可计算出样品斑点的含量。双波长法的优点是可以消除由于薄层厚度不均匀所引起的基线波动，从而提高测定结果的准确度。

 **课外延伸**

1. 薄层扫描法定量有何优点？
2. 举例说明公共生活中应遵守哪些道德规范？

 **素质教育**

　　案例：你会打手机吗？打手机很多时候全凭一个人的自觉意识和基本文明素质。打手机要讲究场合、方式，说到底，即要求一个人要分清什么是公共场合，什么是私人场合，在私人场合也许可以随心所欲的做事，到了公共场合，必须有所顾忌。这种顾忌就是一种文明、教养，就是一种公德意识。我们应该在自习室里、课堂上关上手机；在安静的公共扬所使用手机通话时，应该轻声细语，顾及他人，因为这是你我文明与修养的象征；应该在开会的时候，关上手机，因为给予别人尊重的同时，也尊重了我们自己；我们应该在收到不健康或有明显恶意成分的短信时，立即删除，不要传播，更不要成为此类短信的制造者。

技能训练三　九分散中士的宁的含量测定

【预习思考】

1. 进一步巩固双波长扫描仪的基本结构及操作方法。
2. 通过九分散中士的宁的含量测定，了解薄层扫描法在中药含量测定方面的应用及外标一点法计算含量的方法。

【实训目标】

1. 知识目标　薄层扫描法测定九分散中士的宁的含量及外标一点法计算含量。

2. 职业关键能力　供试品溶液的制备及薄层扫描仪的操作。

3. 素质目标　让学生了解社会公德的主要内容以正确指导其行为规范。

【实训用品】

1. 仪器　KH-2100 型薄层色谱扫仪、定量毛细管（或平头微量注射器）、展开槽、硅胶 GF_{254} 薄层板（10cm×20cm）、具塞锥形瓶、分液漏斗、移液管、容量瓶、三角漏斗。

2. 试剂　九分散，士的宁对照品、三氯甲烷、浓氨试液、硫酸（A. R）、甲苯、丙酮、乙醇（A. R）。

【实训方案】

（一）实训形式

溶液制备、薄层操作、实训记录等，分成 4 人一组，进行合理分工。

（二）实训过程

$$\boxed{\text{对照品、样品溶液制备}} \rightarrow \boxed{\text{薄层板活化}} \rightarrow \boxed{\text{点样展开}} \rightarrow \boxed{\text{扫描}} \rightarrow \boxed{\text{记录与计算}}$$

（三）实训前准备

1. 试剂准备

（1）对照品溶液的制备　精密称取士的宁对照品，加三氯甲烷制成每 1ml 含 0.4mg 的溶液，作为对照品溶液。

（2）样品溶液的制备　取九分散 10 包，混合研匀。精密称取 2g，置于具塞锥形瓶中，精密加入三氯甲烷 20ml 与浓氨试液 1ml，轻轻摇匀，称量，于室温下放置 24h，再称量，补足三氯甲烷减失的质量，充分摇匀，过滤。精密量取滤液 10ml，用硫酸溶液（3→100）分次提取，至生物碱提尽，合并硫酸液，置于另一分液漏斗中，加氨试液使呈碱性，用三氯甲烷分次提取，合并三氯甲烷液，蒸干，放冷，在残渣中精密加入三氯甲烷 5ml 使溶解，作为供试品溶液。

（3）展开剂　甲苯-丙酮-乙醇-浓氨试液（8:6:0.5:2）。

2. 仪器准备　薄层板在临用前一般应在 110℃活化 30min，展开缸预先用展开剂饱和，可在缸中加入足够量的展开剂，并在壁上贴两条与缸一样高、宽的滤纸条，一端浸入展开剂中，密封顶盖，一般保持 15～30min，使系统平衡，做好实训前准备。

【实训操作】

（一）点样、展开

用定量毛细管（或平头微量注射器）分别吸取上述对照品溶液和样品溶液各 5μl，分别点于同一硅胶 GF_{254} 薄层板上，点样基线距底边 2.0cm，样点直径不超过 2～4mm。将点样的薄层板放入盛有展开剂的展开槽中（展开剂的量以薄层板下端能浸入展开剂的深度约为 0.5～1.0cm 为宜），上行定距展开约 15cm，取出，晾干。

（二）扫描

扫描条件：双波长反射法锯齿扫描，测定波长（λ_S）为 254nm，参比波长（λ_R）

为 325nm，狭缝为 1.25 × 1.25，线性参数（Sx）＝3，扫描速度 20mm/min。

【实训现象、数据处理与结果、小结与评议】

（一）现象

（二）数据处理与结果

1. 数据记录

	I	II	III	平均值
对照品的面积积分值（A_r）				
样品的面积积分值（A_i）				

2. 计算

根据仪器自动打印出来的峰面积积分值，用外标一点法（比较法）求出九分散中士的宁的百分含量。

$$m_i = m_r \times \frac{A_i}{A_r}$$

结果判断：m_i 是 1mg 九分散中含士的宁的质量，每 1 包九分散 2.5g 中则含有士的宁的质量为：$m_i \times 2.5 \times 10^3$。

（三）小结与评议

特别提示

1. 士的宁分子可吸收紫外光，其特征吸收波长为 254nm，可采用双波长荧光淬灭法、锯齿扫描、外标一点法计算士的宁含量。激发波长 254nm 可使整块薄层板呈现绿色荧光，而士的宁的斑点吸收 254nm 的光呈黑色（荧光淬灭）。士的宁不吸收 325nm 的光，故用 325nm 作为参比波长。

2. 最初称取供试品 2g，冷浸提取后只取一半用酸萃取，碱化又萃取后，残渣配成 5ml 供试品溶液，每 1ml 供试品溶液相当于含供试品 200mg。当点样量为 5μl 时，相当于把 1mg（1000μg）的九分散点到薄层上。对照溶液的浓度为 0.4mg/ml（也就是 0.4μg/μl），点样量为 5μl 时，相当于把 2μg 的士的宁点到了薄层上。所以 $m_r = 2μg$。

3. 含量测定时供试品溶液和对照品溶液应交叉点于同一薄层板上，每份供试品溶液点样不得少于个，对照品每一浓度不得少于个。其计算结果的相对平均标准偏差应不大于 5%。

4. 除另有规定外，薄层色谱扫描法含量测定应使用市售薄层板。

5. 为保证测定结果的准确性，采用外标一点法测定时，供试品斑点应与对照品斑点的峰面积的值相近；采用外标两点法测定时，供试品斑点的峰面积应在两对照品斑点的峰面积值之间。

1. 每一包九分散 2.5g 中含有士的宁的质量是多少？是否符合《中国药典》规定？
2. 说一说社会公德的主要内容。

社会公德的主要内容：文明礼貌，助人为乐，爱护公物，保护环境，遵纪守法。

------------------------------ 检测与评价 ------------------------------

一、知识题

（一）填充题

1. 吸附色谱法是利用被分离物质在吸附剂上_____不同用溶剂或气体洗脱组分分离色谱方法；分配色谱法是利用被分离物质在两相中的_____不同使组分分离的色谱方法。

2. 薄层色谱法是将_____涂铺在平板（如玻璃板）上，制成薄层作固定相，然后将混合组分的试样溶液点在_____后，在密闭的容器中用_____将其展开，然后对样品进行定性或定量分析的方法。

3. 薄层色谱法的两种主要类型是_____、_____。

4. 薄层色谱几种常用的吸附剂是_____、_____、_____。

5. 硅胶 G ，_____。硅胶 H，_____。硅胶 FH_{254}，_____。硅胶 FH_{365}，_____。

（二）问答题

1. 市售薄层板临用前一般应_____。聚酰胺薄膜_____。

2. R_f 值的定义是什么？

3. 完成一个薄层色谱需要经过哪些步骤？简述各步骤的操作方法和有关要求？

4. 《中国药典》对薄层色谱法有关步骤有何具体要求？

5. 薄层板的主要显色方法有哪些？

6. 色谱缸若不预先用展开剂蒸气饱和，对实验有什么影响？

7. 已知某化合物 A 在薄层板上从样品原点迁移 7.6cm，样品原点至溶剂前沿 16.2cm，试计算：①化合物 A 的 R_f 值；②在相同的薄层板上，展开系统相同时，样品原点至溶剂前沿4.3cm，化合物A的斑点应在此薄层板上何处？

二、操作技能考核题

（一）题目

薄层扫描法测定九分散中士的宁含量。

（二）考核要点

1. 样品前处理。
2. 薄层操作。
3. 薄层扫描含量测定。
4. 薄层扫描含量计算。
5. 文明操作。

（三）仪器与试剂

1. 仪器　KH－2100型薄层色谱扫仪、定量毛细管（或平头微量注射器）、展开槽、硅胶GF_{254}薄层板（10cm×20cm）、具塞锥形瓶、分液漏斗、移液管、容量瓶、三角漏斗。

2. 试剂　九分散、士的宁对照品（0.4mg/ml）、三氯甲烷、浓氨试液、硫酸（A.R，3→100）、甲苯、丙酮、乙醇（A.R）。

展开剂：甲苯－丙酮－乙醇－浓氨试液（8:6:0.5:2）。

（四）实验步骤

1. 供试品溶液、对照品溶液制备。
2. 薄层操作。
3. 薄层扫描含量测定。
4. 薄层扫描含量计算。

三、技能考核评分表

《仪器分析》操作评分细则

项目	考核内容	分值	操作要求	得分标准	扣分说明	扣分	得分
（一）仪器准备（5分）	玻璃仪器洗涤效果	1	不挂水珠	1			
	吸收池的洗涤	2	正确	2			
	仪器自检、预热	2	正确	2			

续表

项目	考核内容	分值	操作要求	得分标准	扣分说明	扣分	得分
（二） 溶液 制备 （10分）	吸管的润洗	1	正确	1			
	管尖的擦拭	1	正确	1			
	吸管吸液操作	1	正确	1			
	吸管液面调节	1	正确、准确、无重复	1			
	吸管放液操作	1	正确	1			
	容量瓶溶液稀释方法	2	正确	2			
	定容准确	2	准确	2			
	摇匀方法	1	正确	1			
（三） 吸收 池的 使用 （5分）	手持吸收池的方法	1	正确	1			
	吸收池的润洗	1	规范	1			
	吸收池装液高度	1	适宜	1			
	吸收池的擦拭	1	正确、干净	1			
	吸收池用完后的处理	1	正确	1			
（四） 分光 光度 计的 操作 （4分）	波长调节	1	正确	1			
	试液对仪器污染否	1	未污染	1			
	吸光度读数方法	1	正确、准确	1			
	测定结束工作	1	关闭电源、罩好防尘罩	1			
（五） 定量 测定 （32分）	标准系列溶液的配制	1	正确（不少于6个）	1			
	吸收曲线的绘制	3	正确	3			
	测定波长的准确度	2	准确	2			
	吸收池配套性检查	1	正确、准确	1			
	工作曲线的绘制	1	正确（描点作图）	1			
	试样吸光度在工作曲线中的位置	2	适宜	2			
	工作曲线的线性 （相关系数 $r > 0.990$）	16	≥ 0.9999	0			
			$0.9999 > r \geq 0.9995$	4			
			$0.9995 > r \geq 0.9990$	8			
			$0.9990 > r \geq 0.9951$	2			
			$r < 0.995$	16			
	曲线标注项目齐全否	2	齐全	2（0.5/项）			
	标准曲线斜率 （K接近于1）	2	$1.20 \geq K \geq 0.84$	0			
			$1.73 \geq K > 1.20$ $0.84 > K \geq 0.58$	1			
			$K > 1.73$，$K < 0.58$	2			
	工作曲线使用方法	2	正确	2			

续表

项目	考核内容	分值	操作要求	得分标准	扣分说明	扣分	得分
（六） 文明 操作 （4分）	实验过程中台面、废液、纸屑等的处理	2	整洁、有序	2			
	实验后台面、试剂、仪器、废液、纸屑等的处理	2	整洁、有序	2			
	仪器的损坏		损坏一件（倒扣分）	4			
（七） 测定 准确 度 （30分）	好	30	≤1%	0			
	较好		1%～2%（含2%）	6			
	一般		2%～3%（含3%）	12			
	较差		3%～4%（含4%）	18			
	差		4%～5%（含5%）	24			
	很差		>5%	30			
（八） 数据 记录 报告 处理 （10分）	项目内容记录	3	及时、规范、齐全	3（1/项）			
	更改数值	2	符合要求	2			
	计量单位的使用	2	规范	2			
	计算结果	3	正确	3			
	数据转抄、誊写、拼凑		取消竞赛资格				
（九） 操作 时间	完成时间	120	分钟开始	时间 每延时5min扣1分，最多延时20min，提前完成不加分			
			结束时间				
	总分	100					